Tamara Fahry-Seelig / Ulrike Mattig / Hans-Jürgen Weyer (Hrsg.)
Geowissenschaftler im Beruf

Tamara Fahry-Seelig / Ulrike Mattig /
Hans-Jürgen Weyer (Hrsg.)

Geowissenschaftler im Beruf

Die Herausgeber vertreten den Berufsverband Deutscher
Geowissenschaftler e. V. (BDG).

Die Deutsche Nationalbibliothek verzeichnet diese Publikation
in der Deutschen Nationalbibliografie;
detaillierte bibliografische Daten sind im Internet über
http://dnb.d-nb.de abrufbar.

Das Werk ist in allen seinen Teilen urheberrechtlich geschützt.
Jede Verwertung ist ohne Zustimmung des Verlags unzulässig.
Das gilt insbesondere für Vervielfältigungen,
Übersetzungen, Mikroverfilmungen und die Einspeicherung in
und Verarbeitung durch elektronische Systeme.

© 2012 by WBG (Wissenschaftliche Buchgesellschaft), Darmstadt
Die Herausgabe des Werkes wurde durch
die Vereinsmitglieder der WBG ermöglicht.
Satz: Lichtsatz Michael Glaese GmbH, Hemsbach
Einbandabbildung: Bohrturm © diez-artwork – Fotolia.com
Einbandgestaltung: schreiberVIS, Bickenbach
Gedruckt auf säurefreiem und alterungsbeständigem Papier
Printed in Germany

Besuchen Sie uns im Internet: www.wbg-wissenverbindet.de

ISBN 978-3-534-22844-7

Elektronisch sind folgende Ausgaben erhältlich:
eBook (PDF): 978-3-534-73249-4
eBook (epub): 978-3-534-73250-0

Inhalt

1 Einsatzbereiche von Geowissenschaftlern 1
   1.1 Beruf Geowissenschaftler – Definition und Abgrenzung
       der verschiedenen Berufsgruppen. 1
   1.2 Berufsfelder in den Geowissenschaften. 2
       1.2.1 Einsatzbereich „Energierohstoffe". 5
       1.2.2 Erze und mineralische Rohstoffe 13
       1.2.3 Wasserversorgung 16
       1.2.4 Geotechnik und Baugrund. 20
       1.2.5 Umweltschutz 29
       1.2.6 Geowissenschaftler in der Raumordnung und
            Landesplanung. 32
       1.2.7 Berufsfelder in Hochschulen und Forschungs-
            einrichtungen...................... 42
       1.2.8 Information und Kommunikation 48
       1.2.9 Geotourismus..................... 52
       1.2.10 Geophysik. 61
       1.2.11 Mineralogie – die materialbezogene Geowissenschaft 68
       1.2.12 Geothermie. 70
   1.3 Einsatzbereiche. 73
       1.3.1 Geobüros und Freiberufler. 73
       1.3.2 Industrie und Wirtschaft 80
       1.3.3 Geowissenschaftler/innen in Ämtern und Behörden. . 86
       1.3.4 Einsatzbereiche in Hochschulen und
            Forschungseinrichtungen 94
   1.4 Ausland. 100

2. Arbeitsmarkt für Geowissenschaftler 109
   2.1 Zahlen und Fakten im Überblick 109
   2.2 Angebot und Nachfrage 110
   2.3 Bessere Chancen durch Zusatzqualifikationen, Netzwerke
       und Mentoring......................... 119
       2.3.1 Zusatzqualifikationen und Praktika 119
       2.3.2 Netzwerke 122
       2.3.3 Absolventenförderung: das Mentoring Programm ... 123

3. Aktuelle Probleme – Herausforderungen und Chancen. 126

4. Information zum BDG und wichtige Adressen, Links 128

Vorwort

Geologisches Wissen begleitete von Anbeginn die Entwicklung des modernen Menschen. Ursprünglich fußend auf der Suche nach Metallen, natürlichen Rohstoffen und Energieträgern entwickelten sich die heutigen Geowissenschaften zu einer bunten Vielfalt von Berufsfeldern. Sie bilden eine der tragenden Säulen für die Daseinsvorsorge. Eine moderne Industriegesellschaft mit ihrem Hunger nach Energie, Rohstoffen und Nutzflächen ist ohne geowissenschaftliche Kenntnisse undenkbar.

Die Geowissenschaften nutzen in der Forschung und in der Praxis die volle Breite naturwissenschaftlicher Methoden: Mathematik, Physik, Chemie, Biologie. Im Bereich der Grundlagenforschung erkunden die Geowissenschaftlerinnen und Geowissenschaftler die Entstehung und Entwicklung unseres Planeten. Sie befassen sich mit Art und Wechselwirkung der Kräfte und Prozesse, die zur Entstehung von Kontinenten und Ozeanen, Gebirgen und Tiefebenen, Vulkanen und Gletschern führen. Das Verständnis des Systems Erde definiert die Randbedingungen für die zukünftige Entwicklung der Menschheit.

Geowissenschaftler in angewandt orientierten Berufen lösen Probleme der Energieversorgung, der Trinkwasserversorgung, der Rohstoffsicherung, der Entsorgung von Abfällen und tragen zu Erkenntnissen über den Klimawandel bei. Jedes größere Bauwerk und jeder Verkehrsweg benötigen Geowissenschaftler bei der Planung und Errichtung.

Dieses Buch soll helfen, einen Überblick über die zahlreichen Disziplinen und Berufsfelder zu schaffen, den Studienanfängern und Studierenden umfassende Informationen über das Studium und die „Zeit danach" zu vermitteln, aber auch interessierten Dritten einen Überblick über mögliche Einsatzfelder zu geben.

Ulrike Mattig, Wiesbaden im Frühjahr 2012

1 Einsatzbereiche von Geowissenschaftlern

1.1 Beruf Geowissenschaftler – Definition und Abgrenzung der verschiedenen Berufsgruppen

(Hans-Jürgen Weyer, Bonn)

Im Jahre 1998 hat die EU in Bologna beschlossen, in ihrem Einzugsbereich die Studiengänge zu vereinheitlichen und so zum gemeinsamen europäischen Bildungs- und Forschungsraum beizutragen. Damit wurde auch in Deutschland der sogenannte Bologna-Prozess eingeläutet. Dies führte zum Auslaufen der bisherigen Diplom-Studiengänge in Geologie, Geophysik und Mineralogie, die nach und nach durch eine Vielzahl von Bachelor- und Master-Studiengängen ersetzt wurden. Diese neu konzipierten Studiengänge führen Inhalte der bisher getrennten Diplom-Studiengänge zusammen, so dass es an den deutschen Universitäten die klassische Dreiteilung in „Geologie", „Geophysik" und „Mineralogie" nicht mehr gibt. In der Wissenschaft ist diese Neuausrichtung berechtigt, da immer mehr das „System Erde" ins Zentrum der Forschung rückt. Dies macht einen transdisziplinären Ansatz notwendig.

Die Neuausrichtung in Wissenschaft, Forschung und Lehre in den Geowissenschaften hat auch Auswirkungen auf den Beruf. Die früheren Hochschulabschlüsse „Diplom-Geologe", „Diplom-Geophysiker" und „Diplom-Mineraloge" hatten einen anerkannten berufsbezeichnenden Charakter. Man verband mit dem akademischen Abschluss das Berufsbild. Mittlerweile ist allgemein anerkannt, dass unter „Geowissenschaften" sowohl in den Studien- und Forschungsdisziplinen als auch im beruflichen Alltag die Bereiche der genannten drei früheren Abschlüsse verstanden werden, die man auch als geologische Wissenschaften bezeichnen kann.

Dabei sind die Abgrenzungen nicht immer sehr scharf. Um zu verdeutlichen, dass „Geowissenschaften" andere Bereiche, wie zum Beispiel die Geographie, ausklammern, wird häufig hinter „Geowissenschaften" noch der Zusatz „der festen Erde" aufgeführt. Damit soll verdeutlicht werden, dass die Berufsbezeichnung „Geowissenschaftler" auch im beruflichen Alltag an die Stelle der oben genannten Fachrichtungen getreten ist.

„Geo"wissenschaften

In den neuen Studiengängen sind im wesentlichen Elemente der Geologie und Mineralogie zusammengeführt worden. Die Geophysik ist als Studienfach in vielen (nicht in allen) Fällen eigenständig geblieben. Auch andere wichtige Teildisziplinen brauchen nach wie vor aufgrund der speziellen beruflichen Anforderungen spezielle Schwerpunkte innerhalb des Studiums. So erfordert beispielsweise der Beruf des Technischen Mineralogen oder des Paläontologen eine Studienausrichtung, die von der allgemeinen Geowissenschaft nicht zu erreichen ist. Auf diese speziellen Tätigkeiten innerhalb der geowissenschaftlichen Berufe wird in den folgenden Ausführungen gesondert eingegangen.

Geologie beschäftigt sich als Wissenschaft mit der Entstehung und Entwicklung der Erde, ihrem Aufbau, ihren Eigenschaften und Strukturen. Die Paläontologie beschäftigt sich als Teildisziplin mit der Erforschung der Entstehung und der Entwicklung des Lebens. Die Mineralogie ist die materialbezogene Geowissenschaft, während die Geophysik die Erforschung des Aufbaus und der Eigenschaften der Erdkruste und des Erdinneren mit physikalischen Mess- und Untersuchungsmethoden betreibt.

1.2 Berufsfelder in den Geowissenschaften

(Hans-Jürgen Weyer, Bonn)

Die Berufsfelder für Geowissenschaften können in vier große Bereiche aufgeteilt werden:
- Industrie und Wirtschaft
- Geobüros und Consulting
- Ämter und Behörden
- Hochschulen und Forschungseinrichtungen.

Innerhalb dieser vier Bereiche findet sich nahezu das komplette Tätigkeitsspektrum der geowissenschaftlichen Disziplinen. So finden sowohl die mineralogisch, als auch die geophysikalisch und geologisch ausgebildeten Geowissenschaftler in allen vier genannten Bereichen Beschäftigung.

In diesen vier Haupteinsatzbereichen finden Geowissenschaftler in den sogenannten klassischen wie in den modernen Berufsfeldern Anstellung. Unter den klassischen versteht man die Einsatzbereiche, die es seit Jahrzehnten in mehr oder weniger unveränderter Form gibt, zum Beispiel Kartierungen in der geologischen Landesaufnahme oder der Exploration. Unter den modernen Einsatzbereichen werden diejenigen Tätigkeitsfelder verstanden, die in jüngerer Zeit im Zuge neuer Frage- und Aufgabenstellungen entstanden sind, wie die Umweltgeologie. Auch neue gesetzliche Ansprüche erweitern das Tätigkeitsspektrum. Das Bundesbodenschutzgesetz ist eines davon.

Einsatzbereiche in Industrie und Wirtschaft

Während die internationale Industrie Geowissenschaftler hauptsächlich in der Rohstoffbranche und im Bergbau einsetzt, hat innerhalb Deutschlands gerade dieser Zweig nur wenig Beschäftigte. Es gibt nur wenige deutsche Unternehmen, die auf diesen Gebieten in Deutschland oder in anderen Ländern tätig sind. Insgesamt gesehen kommen Geowissenschaftler verstärkt in diversen Industrie- und Wirtschaftsbereichen zum Einsatz:
- Nationale und internationale Rohstoffindustrie (Aufsuchung, Bewertung

und Gewinnung von Rohstoffen aller Art: Erdöl, Erdgas, Wasser, Erze, Salze, Steine und Erden, Baurohstoffe, geothermische Energie)
- Recyclingindustrie (Bewertung von Sekundärrohstoffen und Stoffströmen, Risikoabschätzung, Rückbau von Gebäuden)
- Abfallindustrie (Bewertung von Abfällen aller Art, Deponiebau und -bewertung, Risikoabschätzung und Dichtigkeitsprüfung für Deponien, Endlagerung radioaktiver Abfälle, Genehmigungsverfahren)
- Bauindustrie (Bewertung und Begutachtung von Baugrund, Wasserbau, Tiefbau, Geotechnik, Bewertung von Grundstücken, Installation von Geothermieanlagen)
- Sonstige Industrie- und Wirtschaftsbereiche
  - Technische Mineralogie: Glasindustrie, Feuerfestindustrie, Zementindustrie, Zuschlagstoffe, Keramik und Oberflächenbeschichtung, neue Werkstoffe, Nanotechnologie, Werkstoffentwicklung, Kristallzüchtung
  - Banken und Versicherungen: Risikoabschätzungen, Bewertung von Georisiken, Bewertung von Rohstoffgeschäften, Grundstücksbewertung.

Einsatzbereiche im Consulting und in Ingenieurbüros

Consulting und Ingenieurbüros sind planend tätig, die Ausführung übernehmen andere Unternehmen. Im Wesentlichen konzentriert sich ihre Tätigkeit auf die Erstellung von Gutachten, dem Herbeiführen von Unterlagen und deren Auswertung sowie die Durchführung von hierfür notwendigen Untersuchungen. Die gutachterliche Tätigkeit in den Ingenieurbüros konzentriert sich dabei im Wesentlichen auf folgende Bereiche:
- Baugrund
- Trassenerkundung
- Grundstücksbewertung
- Hydrogeologie
- Versickerung
- Wassererschließung
- Geothermie
- Rückbau von Gebäuden, Industrieanlagen etc.
- Altlastenerkundung und -sanierung
- Restauration und Denkmalpflege.

Einsatzbereiche in Ämtern und Behörden

In vielen Ämtern kommen Geowissenschaftler zum Einsatz. Dort halten sie ihr Fachwissen vor, beraten andere Einrichtungen und den Gesetzgeber, sind bei Planungen und im Vollzug einbezogen:
- Ministerien
- Bundesanstalt für Geowissenschaften und Rohstoffe BGR mit Deutscher Rohstoffagentur
- staatliche geologische Dienste der Länder
- Wasserwirtschaftsämter
- Umweltämter der Städte, Kreise, Kommunen, Regierungspräsidien
- Museen.

Eine Besonderheit sind die staatlichen Geologischen Dienste der Länder. Ihre Kernaufgaben können als Beispiel der Einsatzbereiche von Geowissenschaftlern insgesamt dienen. Hier werden geologische Fachdaten erhoben, gesammelt, aufbereitet, ausgewertet und zur Verfügung gestellt. Hierzu arbeiten die geologischen Dienste mit anderen Behörden, Hochschulen, Ingenieurbüros etc. zusammen. Der Umgang dieser Fachdaten kommt im Wesentlichen in folgenden Bereichen zum Einsatz:

- Geowissenschaftliche Landesaufnahme
- Geoinformationssysteme
- Raumordnung
- Landesplanung
- Rohstofferkundung und -sicherung
- Grundwassererschließung
- Wasserversorgung
- Grund- und Trinkwasserschutz, Heilquellenschutz
- Energieversorgung
- Geothermie
- Gefahrenpotenzial des Untergrundes (Hohlräume, Methan-Ausgasung, Verkarstung, Erdbeben, Rutschungen etc.)
- Abgrabungsmonitoring
- Ressourcenschutz
- Bodenschutz
- Katastrophenschutz
- Erdbebenüberwachung
- Bergbaufolgeschäden
- Gefahrenabwehr
- Spezialaufgaben, z.B. Wasserrahmenrichtlinie der EU, EU-Richtlinie INSPIRE (Schaffung einer Geodateninfrastruktur in Europa).

Einsatzbereiche in Hochschulen und Forschungseinrichtungen

Die Universitäten sind Lehr- und Forschungseinrichtungen. Geowissenschaften kann man nur an Universitäten und Technischen Hochschulen studieren. Zurzeit bieten in Deutschland 28 Universitäten geowissenschaftliche Studiengänge an. Das Spektrum der geowissenschaftlichen Forschung umfasst alle Disziplinen und Teilbereiche von Geologie, Paläontologie, Mineralogie, Kristallographie und Geophysik einschließlich benachbarter Disziplinen wie Ozeanographie, Bodenkunde, Meteorologie, Vermessungswesen, Bergbau, Klimatologie und viele mehr.

Die Forschungseinrichtungen decken ebenfalls das gesamte Spektrum geowissenschaftlicher Forschung ab. Ihre Aufzählung ist daher nicht vollständig: GeoForschungsZentrum GFZ Potsdam, Alfred-Wegener Institut, Geomar Kiel, Einrichtungen von Max-Planck-Instituten, Senckenberg, UmweltForschungsZentrum UFZ Leipzig/Halle.

Geowissenschaftler erforschen den Aufbau und die Entwicklung der Erde und des Lebens (Paläontologie mit starken Verbindungen zur Biologie). Verstärkt rücken dabei globale Prozesse und deren Interaktion in den Mittelpunkt der Forschung. Arbeitsfeld ist der den Beobachtungen zugäng-

Berufsfelder in den Geowissenschaften

liche äußere Teil der Erde, die Erdkruste. Geologische Vorgänge werden erfasst, rekonstruiert und zu Modellen aufbereitet.

Die Allgemeine Geologie beinhaltet u.a. aktuogeologische Prozesse, Gesteinsentstehung, die Strukturen der Erdkruste und ihre Bildungsprozesse. Die Historische Geologie beschäftigt sich mit der Entwicklung der Erde und des Lebens. Die Regionale Geologie befasst sich mit dem Ergebnis dieser Entwicklung, u.a. dem heutigen Bau der Ozeane und Kontinente. Die Angewandte Geologie nutzt all diese Erkenntnisse wirtschaftlich: in der Lagerstättenkunde, der Ingenieur- und Hydrogeologie etc.

Die Mineralogie befasst sich als materialbezogene Geowissenschaft mit der Entstehung und den Eigenschaften von Mineralen sowie den Möglichkeiten, diese zu nutzen und zu formen. Der Zusammenhang zwischen der atomaren Struktur der Materie und deren physikalischen wie chemischen Eigenschaften beschäftigen Mineralogie und Kristallographie. Dabei kann es sich um Gesteins- und Materialproben aus der Natur handeln oder um synthetische Materialien aus dem Labor, wie z.B. High-Tech-Werkstoffe.

Die Geophysik untersucht den Erdkörper mit physikalischen Messmethoden. Diese werden entwickelt und in ihren Einsatzbereichen und Interpretationsmöglichkeiten weiterentwickelt.

Sonstige Bereiche

Aufgrund ihrer breiten naturwissenschaftlichen Ausbildung finden Geowissenschaftler verstärkt Aufgaben in fachfernen Bereichen. Wie in anderen Berufen stehen ihnen viele Einsatzbereiche auch außerhalb ihrer eigentlichen Disziplinen offen. Die folgende Aufzählung ist daher beispielhaft:
- Internationale Organisationen (UNO, EU, UNESCO, Weltbank, IAEA, Energy Agency, GTZ, Entwicklungshilfe)
- Wissenschaftsjournalismus
- Verbände und Organisationen
- Geotourismus
- Patentanwalt, Europäisches Patentamt.

1.2.1 Einsatzbereich „Energierohstoffe"

(Dieter Kaufmann, Kassel)

Bedeutung der Energierohstoffe

Der globale Energiebedarf wird in den nächsten Jahren weiterhin steigen. Laut Vorhersage der International Energy Agency (IEA) steigt der Verbrauch von 2007 bis 2030 um ca. 40 %; dies entspricht einem durchschnittlichen Zuwachs von 1,5 % pro Jahr. Dieser Anstieg im Verbrauch betrifft zu 90 % nicht OECD-Länder, und mit Abstand liegen hier China, Indien und der Nahe Osten vorn. Ungeachtet der aktuellen Diskussion um hohe CO_2-Emissionen durch den Verbrauch fossiler Energien und der staatlichen Förderung erneuerbarer Energien beträgt der Anteil fossiler Energierohstoffe im Energiemix der nächsten 20 Jahre 80 %. Zwar verzeichnen die erneuerbaren Energien in diesem Zeitraum das größte Wachstum (7,3 % p.a., gefolgt von Kohle mit 1,9 % p.a.), doch steigt ihr relativer Anteil am Energiemix nur von 10,4 % im Jahr 2007 auf 11,8 % im Jahr 2030.

Fossile Rohstoffe sind und bleiben damit auf absehbare Zeit die fundamentale Grundlage der Weltwirtschaft. Von allen fossilen Energieträgern sind Kohlenwasserstoffe (KW) aufgrund ihrer Energiedichte am effizientesten. Aufgrund ihrer chemischen Bindungsfähigkeiten sind sie darüber hinaus Grundlage für die Mehrzahl industrieller Produkte. So ist ihr Wert auch über die heute dominierende Rolle als Energieträger hinaus gesichert.

Rolle der Geowissenschaftler in der Erdöl- und Erdgasversorgung

Kohlenwasserstoffsystem

Die Aktivitäten der Geowissenschaftler im Bereich der Erdölexploration sind eng verwoben mit einer Kette von Vorgängen, die zur Erzeugung von Erdöl- und Erdgas-Lagerstätten führen. An ihrem Anfang steht die Entwicklung eines Sedimentbeckens, welches das Potenzial für ein funktionierendes Kohlenwasserstoff-System beinhaltet. Es besteht aus vier Bausteinen:
- das Muttergestein, in dem Öl und Gas unter hohem Druck und Temperatur aus organischem Material generiert wird,
- einem porösem, als Reservoir dienendem Gestein,
- eine geeignete Falle bildende Struktur,
- der Abdichtung, aus einer abdeckenden, nicht permeablen Schicht, die das Entweichen dieser Systeme verhindert.

Darüber hinaus ist ein effektiver Mechanismus notwendig, der den KWs die Wanderung (Migration) vom Muttergestein zur Fangstruktur ermöglicht. Neben den einzelnen Bausteinen spielt die zeitliche Abfolge der Ereignisse eine Schlüsselrolle. Eine Struktur wird sich zum Beispiel als nichtfündig herausstellen, wenn die KWs zwar vor zu einem bestimmten Zeitpunkt generiert wurden, aber die tektonischen Ereignisse, die zur Strukturbildung führten, erst nach Abschluss der Migration stattgefunden haben. Es ist daher eine grundlegende Aufgabe der Geologen und Geophysiker, Informationen über den Untergrund in Bezug auf das KW-System und dessen zeitlicher Entwicklung zu beschaffen und zu analysieren.

Aufgaben

Geowissenschaftler spielen eine Schlüsselrolle in der Kohlenwasserstoffindustrie. Die Tätigkeit von Geologen und Geophysiker überspannt einen großen Teil der Abläufe entlang der gesamten Prozesskette von der Erkundung relativ unbekannter Sedimentbecken, über die Identifikation von Prospekten, der Ausarbeitung von Bohrvorschlägen, der Auswertung der Bohrergebnisse und Wirtschaftlichkeit bis hin zur Feldesentwicklung und Produktion. Der Aufgabenbereich von Geowissenschaftlern in Erdöl- und Erdgasversorgung lässt sich am besten anhand dieser Aktivitäten beschreiben.

Regionalstudien

Am Anfang der Exploration steht oft ein sogenanntes „Frontier"-Gebiet; dabei handelt es sich meist um ein Sedimentbecken von mehren tausend oder zehntausend Quadratkilometern, über das im Normalfall relativ wenig Informationen zur Verfügung stehen. Als erstes müssen Geowissenschaftler abschätzen, mit welchen Methoden sie ein Maximum an Information erhalten, um abhängig von den Ergebnissen anschließend weitere Investitionen rechtfertigen zu können. In dieser ersten Phase wird der Geowissenschaftler zuerst die Chancen für die Existenz der verschiedenen Bausteine eines möglichen KW-Systems abschätzen. Die üblichen Methoden, die ihm in dieser frühen Phase der Exploration zur Verfügung stehen, sind Feldaufnahmen, Satellitenbilder, Luftaufnahmen, Aero-Gravimetrie, Magnetik und seismische Regionalprofile sowie die Nutzung globaler Datenbanken. Satellitenbilder dienen der regionaltektonischen Interpretation und der großräumigen Kartierung von Ausbissen. Während der geologischen Exkursion im Feld werden Gesteinsproben gesammelt und beschrieben. Entlang von Beckenrändern, Inversionen oder Aufschiebungen bietet sich die Möglichkeit, potenzielle Reservoire, Mutter- und abdichtende Gesteine an der Oberfläche oder über Flachbohrungen zu beproben. Im Labor werden diese Proben auf Alter, Fazies, Porosität, Mineralogie, Anteil organischen Materials, Vitrinitreflexion etc. untersucht. Die Daten der Satellitenaufnahmen werden mit den Feldesbeobachtungen kalibriert, und die ersten geologischen Karten können erstellt werden. Aufschluss über die Mächtigkeit der Sedimentfüllung geben Schwere- und Magnetfeldmessungen. Für erstere macht man sich den Dichtekontrast von Sedimentgestein und dem Grundgebirge zunutze, die zweite deren unterschiedliche Suszeptibilität. Da weder die genaue Dichte noch die Suszeptibilität des Gesteins im Untergrund bekannt ist, kann die Struktur des Untergrundes nur semi-quantitativ abgeleitet werden. Dennoch sind diese Daten äußerst hilfreich und erlauben ungefähre Aussage über die Sedimentmächtigkeit und somit Rückschlüsse über die Voraussetzungen der Genese von KWs. Wenn die gesammelten Daten positiv bewertet wurden, ist die Akquisition von regionalen seismischen Profilen der nächste sinnvolle Schritt. Geophysiker müssen bei der Planung die Gegebenheiten der Erdoberfläche wie Wasser, Wüste, Steppe, Wald, Sumpf, Gebirge und die voraussichtliche Geologie des Untergrundes berücksichtigen. Von der richtigen Auswahl der Aufnahmeparameter, der Lokation und Richtung der Profile und von der anschließenden Verarbeitung der Daten hängt der Erfolg der Kampagne ab. Seismische Profile ermöglichen einen genaueren Einblick in den Untergrund. Auf ihnen basiert eine genauere Abschätzung der Sedimentationszyklen und Sedimentmächtigkeiten, der Beckenentwicklung und Strukturbildung. Mit dieser Information kann ein erstes Beckenmodell erstellt werden. Hierbei wird, entweder anhand von 2D-Profilen oder im 3D-Modell die Entwicklung des Beckens modelliert. Das Wissen über Alter, Sedimentation, Versenkung, Eigenschaften des Muttergesteines und Strukturbildung werden in einem Modell integriert, um das Potenzial und den Zeitablauf der Genese und Migration von KWs abzuschätzen. Mit diesen Ergebnissen können die Geowissenschaftler die prospektiveren Teile eines Beckens identifizieren.

In den seltensten Fällen haben Firmen Zugang zu einem ganzen Sedimentbecken, ihre Rechte beschränken sich üblicherweise auf einzelne

Maximum an Informationen

Konzessionen, die von den jeweiligen Regierungen vergeben wurden. Somit haben Geowissenschaftler meistens Zugang zu einem unvollständigen Datensatz. Dies erschwert ihre Arbeit.

Als notwendig erweist sich daher in vielen Fällen ein Vergleich des zu untersuchenden Beckens mit einzelnen Analogbecken und/oder mit Sammlungen in Datenbanken. Dieses Vorgehen ermöglicht weitere Schlussfolgerungen in Bezug auf Prospektgröße, Reservoireigenschaften und Explorationsrisiken, die nicht unmittelbar aus den zur Verfügung stehenden Daten hervorgehen. Endprodukt einer Regionalstudie sollten sogenannte „Play Maps" sein. Dies sind Karten die die einzelnen Elemente eines KW-Systems überlagernd darstellen und so auf einem Blick erkennen lassen, welche Teile des Beckens für eine erfolgreiche Exploration die besten Voraussetzungen haben.

Prospektbewertung Nachdem der regionale Kontext bewertet und bestimmte Teile der bearbeiteten Fläche für prospektiv befunden wurde, beginnt die Identifikation von Prospekten, die Abschätzung des KW-Volumens und die Ermittlung des geologischen Risikos. Der Datensatz, der für eine Beckenbewertung zur Verfügung stand, ist grobmaschig und für eine Prospektkartierung ungeeignet. Als nächstes planen Geologen und Geophysiker entweder eine engmaschigere 2D-Seismik oder eine 3D-Seismik, mit der sie potenzielle Fallen im Untergrund kartieren können. Bei der Prospektbewertung kommen mehrere geowissenschaftliche Disziplinen ins Spiel.

Geophysik Neben der Planung von seismischen Untersuchungen steht die Aufbereitung der Daten zu einem seismischen Bild im Zentrum der Aufgaben des Geophysikers. Die verschiedenen Schritte der Bearbeitung der seismischen Daten müssen so optimiert werden, dass Multiple (seismische Reflektions-Echos) und Rauschen, die das seismische Erscheinungsbild nachhaltig stören können, so weit wie möglich unterdrückt werden. Des Weiteren wird mit Hilfe der Migration eine getreue Darstellung der Schichten gewährleistet, so dass letztendlich eine quantitative Reservoirbeschreibung möglich ist. Schichtgrenzen und Störungen werden in der Seismik interpretiert. Seismische Attribute, die das Frequenzverhalten oder die Form der seismischen Wellen beschreiben, werden berechnet. Gesteinseigenschaften werden aus der Seismik berechnet (Inversion). Mit Hilfe ermittelter Geschwindigkeiten aus Bohrungen oder Seismik müssen die seismischen Daten, welche als Laufzeiten vorliegen, einer Teufenwandlung unterzogen werden.

Petrophysik Aus der Interpretation physikalischer Bohrlochmessungen werden Gesteinszusammensetzung, Porositäten, Mächtigkeiten, Permeabilität, Sättigung des Porenraumes, Höhe der KW Säule, Gas-, Öl- und Wasserkontakte ermittelt, die für die Charakterisierung des Reservoirs benötigt werden. Bildgebende Methoden erlauben eine vollständige Darstellung der Bohrlochwand.

Stratigraphie Die richtige Korrelation zwischen Bohrungen ist oft nur mit Hilfe einer genaueren Altersdatierung möglich. Ihre Basis bildet die Biostratigraphie, die überwiegend auf Mikrofossilien beruht. Sie wird ergänzt durch hochauflösende radiometrische Methoden, Magneto- und auch Chemostratigraphie. In der E- & P-Industrie hat sich zudem mit der seismischen Stratigraphie eine besondere Methode basierend auf der Interpretation von seismischen Mustern herausgebildet.

Anhand punktueller Informationen aus Bohrungen und Ausbissen entwickelt der Sedimentologe Ablagerungsmodelle, die Vorhersagen über die Verteilung und grundsätzliche Beschaffenheit der Sedimentgesteine ermöglicht: Mächtigkeit, Sand-Ton Verhältnis und initiale Porosität. *Sedimentologie*

Petrographische Untersuchungen tragen zum besseren Verständnis des Porenraums des Reservoirs bei. Insbesondere, wenn sich seine primären Eigenschaften durch Diagenese, Zementation oder Auslaugungen verändert haben. Unterstützt durch die sedimentologische und geophysikalische Interpretation ist es möglich, die Reservoirqualität im gesamten Bereich des Prospektes vorherzusagen. *Petrographie*

Die Analyse der Struktur im Untergrund gibt Aufschluss über das tektonische Regime, wie und wann Fallen entstanden sind, welchen tektonischen Verformungen sie nach ihrer Entstehung unterlagen. Durch diese Verformungen kann die Durchlässigkeit von Reservoir und Abdichtung modifiziert werden. Entstandene Störungen können eher abdichtend oder durchlässig sein. *Strukturgeologie*

Beide Disziplinen arbeiten eng zusammen und geben Auskunft darüber, ob und wieviel KWs im Becken unter bestimmten Bedingungen generiert werden konnten, ob das Muttergestein eher Gas oder Öl generiert hat, in welchen Zeiträumen es sich im Öl- bzw. Gasfenster befunden hat, wann die Migration stattfand und ob der Prospekt auf dem Migrationsweg lag. *Geochemie und Beckenmodellierung*

Ausschlaggebend für die Entscheidung, einen Prospekt zu bohren oder nicht, ist das gewinnbare Volumen und das geologische Risiko. Sie dienen als Grundlage für die Feststellung der Wirtschaftlichkeit. Daher konzentriert sich die weitere Auswertung auf diese beiden Größen. Eine interdisziplinäre Zusammenarbeit ist bei diesem Schritt der Prospektbewertung unerlässlich. Oft werden bereits in diesem Stadium Reservoiringenieure hinzugezogen, die sich damit befassen, wie das Reservoir entwickelt werden sollte und mit welchem Gewinnungsfaktor zu rechnen ist. Für die Ermittlung des Volumens müssen die Geowissenschaftler das Gesteinsvolumen und die Geometrie der Falle, die letzte schließende Höhenlinie, die Bruttomächtigkeit des Reservoirs, das Verhältnis von Sand-Ton im Reservoir, Porosität, KW-Sättigung und Lage des Gas-Öl-Wasserkontakts erfassen. Auch bei größter Datendichte können die Werte aller Parameter über das gesamte Gebiet des Prospektes nicht genau bekannt sein. Das KW-Volumen wird daher statistisch ermittelt, indem für jeden Parameter eine mögliche Bandbreite angegeben wird, mit der über eine Monte Carlo Simulation die P10, P50 und P90 Volumina berechnet werden (P10: das Volumen das 10 % aller möglichen Fälle überschreiten, analog P50 und P90). *Risiko und Volumen*

Eine weitere Möglichkeit der Ermittlung von Volumina eines Prospektes ist die geologische Modellierung. Durch sie wird die seismisch kartierte Struktur in ein detailliertes 3D-Modell umgesetzt. Auch in diesem Fall muss der Geologe die Unsicherheiten durch eine Vielzahl von Realisationen verschiedener Modelle abbilden.

Das geologische Risiko wird durch einfache Multiplikation der Risiken für Reservoir (Existenz und Qualität), Struktur (Existenz, Unsicherheiten der Kartierung, Abdichtung begrenzender Störungen), Abdichtung durch Deckgebirge und „KW charge" (Genese von KW, Migration) ermittelt.

Wirtschaftlichkeitsrechnung

Mit diesen Daten haben die Geowissenschaftler ihren Teil der Informationen für die Berechnung der Wirtschaftlichkeit beigesteuert. Zusammen mit einem Förderprofil (von Reservoiringenieuren ermittelt), den für die Zukunft geschätzten Öl- und Gaspreisen und dem Steuerregime des entsprechenden Landes können die Ökonomen die Wirtschaftlichkeit des Prospektes berechnen. Als Projektleiter muss der Geowissenschaftler die Wirtschaftlichkeitsrechnungen auf Plausibilität prüfen. Er sollte daher nicht nur mit den Preisszenarien vertraut sein, sondern auch wissen, welche Feldesgröße in der jeweiligen Region bisher erfolgreich entwickelt wurde, was die typischen Entwicklungskosten pro Barrel sind und ob das Produktionsprofil realistisch ist. Ein umfassendes Bild bekommt er, wenn er nicht nur die Wirtschaftlichkeit des P50-Falles, sondern mit dem Minimalfall (P90) und Maximalfall (P10) die ganze Bandbreite der Wirtschaftlichkeit untersucht.

Abhängig von der Wirtschaftlichkeit des Prospektes, des gesamten Prospektportfolios und übergeordneter strategischer Überlegungen, wird er seinem Vorstand eine Bohrung vorschlagen.

Bohrvorschlag

Der von den Geowissenschaftlern ausgearbeitete Bohrvorschlag beinhaltet zusätzlich zu den oben genannten Ausarbeitungen weitere wichtige Informationen. Ziel einer Bohrung ist es, KWs nachzuweisen und das Wissen über das Reservoir zu maximieren, um eine fundierte Entscheidung zur Wirtschaftlichkeit und somit zur Weiterführung des Projektes treffen zu können. Wesentlich ist auch die Minimierung des technischen Risikos der Bohrung.

Als erstes ist innerhalb des Prospektes der genaue Bohrpunkt zu ermitteln. Hierfür kann der Geowissenschaftler verschiedene Strategien verfolgen. So kann man sich für eine strukturhohe Lokation entscheiden, mit der die KWs relativ einfach nachgewiesen werden können. Allerdings limitiert diese Option die Aussagen möglicherweise nur auf ein relativ kleines „up-dip" Volumen. Alternativ kann man die Struktur niedriger bohren. Dort kann zwar mehr Volumen nachgewiesen und somit der Nachweis der Wirtschaftlichkeit leichter erbracht werden. Dies ist ein Risiko, denn strukturhöhere KWs werden unberücksichtigt gelassen. Ein weiterer Aspekt bei der Bohrplanung ist eine mögliche Aufteilung der Lagerstätte durch Störungen. Wo bohrt man also am besten, damit die Bohrung nicht nur eine kleine, sondern eine größere Fläche erschließt?

Entlang des geplanten Bohrpfades muss die Seismik nach Bohrrisiken untersucht werden. Dazu gehören zum Beispiel Gasvorkommen in höheren Schichten, Überdrucke, Karste, komplexe Tektonik. Sind Risiken erkannt, müssen Bohringenieure entweder geeignete Maßnahmen treffen, oder eine bessere Lokation muss gesucht werden. Geowissenschaftler bestimmen, wo die verschiedenen Rohrtouren abgesetzt werden, bis zu welcher Endteufe gebohrt werden soll, welche Logs gefahren werden, wie oft das Bohrklein beprobt werden soll, wo Kerne gezogen werden, welche Strecken perforiert und getestet werden sollen und ob am Ende die Bohrung erfolgreich oder nicht erfolgreich war.

Ihre Aufmerksamkeit bei der Bohrplanung gilt nicht nur dem Untergrund, sondern auch der Bohrlokation selbst. Bei einer Bohrung muss sichergestellt sein, dass der Untergrund die nötige Standfestigkeit aufweist, um die Bohrplattform oder den Bohrturm zu tragen. Eine Beeinträchtigung des Naturraumes durch Bohraktivitäten oder andere Untersuchungen ist auszuschließen oder weitestgehend zu minimieren. Daher sind insbesondere in geschützten Gebieten Umweltgutachten einzuholen, die zum Beispiel bei Vorkommen geschützter Arten zu einer Verschiebung der Bohrlokation führen können. Bei einer „onshore" Bohrung sind Auflagen wie Lärmschutz und Prüfung der Umweltverträglichkeit nachzuweisen.

Kurz vor Beginn kommt der „Operations Geologist" zum Einsatz, er beteiligt sich meist schon am Bohrvorschlag und ist für die operativen Aspekte zuständig: *Bohrung*

Verträge mit Kontraktoren, Qualitätskontrolle ihrer Arbeit auf der Bohrplattform, Prüfung des täglichen Bohrberichtes. Auf der Bohrung selbst nimmt der „Wellsite Geologist" regelmäßig Proben, beschreibt sie im täglichen Bohrbericht, bestimmt das Alter der erbohrten Formationen anhand der Lithologie und Biomarker und vergleicht den ursprünglichen Plan mit dem aktuellen Stand. Rohrteufen, Kernteufen und Perforationsteufen müssen bei Abweichung entsprechend angepasst werden.

Geowissenschaftler werden auch in der Entwicklung und Produktion von Öl- und Gaslagerstätten eingesetzt. Sie arbeiten dort sehr eng mit Reservoir- und Produktionsingenieuren zusammen. Ihre Aufgabe besteht darin, Lokationen für Produktionsbohrungen zu optimieren und Vorschläge für Injektionsbohrungen auszuarbeiten. Für diese Arbeiten ist ein tieferes Verständnis des Reservoirs notwendig. Die beste Möglichkeit seiner Beschreibung besteht in dem Aufbau eines digitalen geologischen 3D-Lagerstättenmodells. Diese werden für die dynamischen Reservoirsimulatoren benötigt, die das Verhalten des Gesteins, der Flüssigkeiten und des Gases im Verlauf der Produktion vorhersagen. Die Bildung eines geologischen 3D-Modells beginnt mit der Erfassung der Strukturelemente wie Schichtgrenzen, Störungen und Faltung, welche die Geometrie des Reservoirs beschreiben. Entsprechend dem Fluid-mechanischen Aufbau werden die verschiedenen stratigraphischen Einheiten weiter in kleinere Elemente aufgelöst, bis die ganze Struktur in einzelne Zellen unterteilt wurde. Jeder Zelle des Modells wird eine bestimmte Gesteinsfazies zugeordnet. Grundlage für die Verteilung der Fazies im Modell sind sedimentologische Interpretationen von Bohrergebnissen und deren Extrapolation, Attributkarten aus der Seismik und Analogbeispiele. Jedem Gesteinstyp werden Reservoireigenschaften zugeordnet, dies beinhaltet Porosität, Permeabilität und Tonanteil. Entsprechend der aus Bohrlochmessungen interpretierten Daten oder eventuell vorhandenen Informationen aus Kernen werden auch die Öl-, Gas- und Wassersättigungen angegeben.   *Produktionsgeologie*

Geostatistik ist ein wichtiger Bestandteil der geologischen Modellierung, da man bei der Charakterisierung des Reservoirs anhand der vorhandenen punktuellen Daten nicht ohne Interpolationstechniken auskommt. Das erstellte statische geologische Modell ist die Grundlage für das vom Reservoiringenieur benötigte dynamische Modell, in dem dieser die Fließverhältnisse im Reservoir simuliert. Oft sind mehrere Iterationen zwischen dem Reservoiringenieur und dem Geologen notwendig, bis ein zufriedenstellendes dynamisches Modell erstellt ist. Beide Modelle sind erst dann gut, wenn das historische Produktionsverhalten der Bohrungen über die Jahre ausreichend gut simuliert werden kann und das Modell sich als geeignet für eine Vorhersage über das zukünftige Verhalten bewährt hat. Die Aktualisierung der Modelle ist ein ständiger Prozess; neue Bohrungen, vom Modell abweichende Drücke, Wasserraten oder Produktionsraten sind der Grund für weitere Überarbeitung der Modelle.

Die statischen und dynamischen Modelle bilden die Grundlage für die Ermittlung weiterer geeigneter Bohrlokationen, die noch nicht drainierte Gebiete erfassen sollen, die Produktion erhöhen oder den Lagerstättendruck erhalten sollen.

Bei der Planung der Feldesentwicklung müssen sich Reservoiringenieure und Geowissenschaftler gemeinsam darüber Gedanken machen, ob eine vertikale, eine geneigte oder eine Horizontalbohrung das beste Verhältnis zwischen Kosten, Produktion und Risiko darstellt.

Geophysiker haben in den letzen Jahren mit der Einführung der 4D-Technologie einen bedeutenden Beitrag in Richtung Reservoir-Charakterisierung geleistet. Mit dieser Technologie wird eine 3D-Seismik-Aufnahme im Abstand von ein paar Jahren über ein produzierendes Feld durchgeführt, wobei darauf geachtet wird, dass die Aufnahmeparameter beide Male identisch sind. Aufgrund der vorangeschrittenen Produktion ändern sich gewöhnlich die physikalischen Eigenschaften des Reservoirs; Öl oder Gas wird im Verlauf der Produktion durch Wasser verdrängt. Diese Änderungen können nun beim Vergleich beider Datensätze herausgearbeitet werden, und eine Umverteilung von Fluiden im Untergrund wird so sichtbar. 4D-Seismik ist zwar eine sehr effektive, aber auch teure Technologie. Um festzustellen, ob die Beschaffenheit des Untergrundes bei Verdrängung tatsächlich zu messbaren Ergebnissen führen würde, simulieren Geophysiker daher zunächst einmal die Öl- bzw. Gasverdrängung in einem synthetischen seismischen Modell. Ist dies der Fall und rechtfertigen die verbleibenden Reserven eine neue 3D-Akquisition, erhalten Ingenieure und Geowissenschaftler eine Momentaufnahme des Reservoirs, die eine hervorragende Basis für weitere Entwicklungsmaßnahmen darstellt.

Konsortialarbeit

Die meisten Konzessionen werden von Konsortien betrieben, die meist aus zwei bis vier Konsortialpartnern bestehen. Es ist die Aufgabe der betriebsführenden Gesellschaft, das operative Geschäft zu leiten. Neben den oben beschriebenen Aufgaben müssen die Geowissenschaftler des Betriebsführers regelmäßige Sitzungen organisieren, in denen die Partner über den Forschritt der Arbeiten informiert werden und wo sie die Partner von der Attraktivität der vorgeschlagenen Bohrprojekte überzeugen müssen, da deren Zustimmung notwendig ist. Während den Geowissenschaftlern der Betriebsführung die ausführliche Ausarbeitung obliegt, werden sich die Geowissenschaftler der Konsortialpartnern oft auf eine Qualitätskontrolle beschränken. Sie werden nur punktuell in die Tiefe gehen, wenn sie mit den Ergebnissen des Betriebsführers nicht einverstanden sind, oder aber wenn Entscheidungen von größerer wirtschaftlicher oder strategischer Bedeutung gefällt werden müssen.

Die größten, leicht zu erschließenden Lagerstätten wurden bereits gefunden. Die Erkundung neuer Lagerstätte und die Produktion aus schwierigeren Reservoiren erfordern zunehmenden Einsatz neuer Technologien. Dies gilt besonders für unkonventionelle Lagerstätten wie sogenannte „Gas Shales" (Gas in Tonen des Muttergesteins), „Tight Gas" (Gas in Reservoiren mit sehr geringer Permeabilität), CBM (Coal Bed Methane), Schweröl und Schieferöl. In den USA beträgt der Anteil der unkonventionellen Gasproduktion bereits 44 %. Die Tendenz ist weiterhin steigend, da der größte Anteil verbleibender Gasressourcen in unkonventionellen Reservoiren liegt. Zunehmend wird das in den USA erprobte und bewährte Wissen auch auf andere Gebiete übertragen. Große Konzerne sichern sich weltweit die prospektiven Flächen zukünftiger unkonventioneller Ressourcen. Für den Geowissenschaftler innerhalb der Kohlenwasserstoffindustrie bedeutet dies weiterhin sichere Berufsperspektiven bei steigenden technischen Herausforderungen.

Ausblick

Paläontologie

Die Paläontologie befasst sich mit der Erforschung der Entstehung des Lebens und seiner Entwicklung. Dabei gab und gibt es keine eigenen Studiengänge, sondern die Paläontologie war und ist Bestandteil des Geologiestudiums, in dem man sich entsprechend spezialisieren kann. Als Forschungsdisziplin mit Standbein in der Biologie hat die Paläontologie nach wie vor großen Stellenwert. In der beruflichen Praxis hat sie in den letzten Jahren jedoch an Bedeutung verloren. So kommen beispielsweise Paläontologen in den Geologischen Diensten und bei der geologischen Kartierung weniger als noch vor zwei Jahrzehnten zum Einsatz. Grund hierfür ist – wie auch in anderen Fällen – das geänderte Aufgabenspektrum. Dieser Entwicklung trug auch die Konzipierung der neuen Studiengänge auf BSc- und MSc-Niveau Rechnung. Insgesamt gesehen ist das Angebot an geologisch-paläontologischer Ausbildung an den deutschen Hochschulen seit Jahren rückläufig. Paläontologen (Geowissenschaftler mit Spezialisierung in der Paläontologie) werden in der Praxis gebraucht, um eine Einstufung von Gesteinsschichten in der Zeitskala vornehmen zu können, sprich das Alter einer Gesteinsschicht zu bestimmen. Dies ist bei geologischen Kartierungen oder z.B. über die Mikropaläontologie auch bei der modernen Erdölexploration von Bedeutung. Darüber hinaus sind Paläontologen in der Bodendenkmalpflege und in Museen gefragt. In wenigen Fällen bieten Paläontologen über eigene Firmen Dienstleistungen im Bereich von Ausgrabungen und Fundsicherung an.

1.2.2 Erze und mineralische Rohstoffe

(Stephan Peters, Essen)

Mineralische Rohstoffe stehen weltweit in unterschiedlichsten Mineralvorkommen zur Verfügung. Grundsätzlich ist ein Mineralvorkommen eine

Konzentration von Elementen, die in unterschiedlichen Verbindungen vorliegen. Von einer Lagerstätte kann erst dann gesprochen werden, wenn dieses Vorkommen mit den aktuellen technischen Mitteln wirtschaftlich gewonnen werden kann und nach einer Aufbereitung am Markt unter wirtschaftlichen Gesichtspunkten handelbar ist. Die Erze, Salze, Steine, Erden und Kohle sind meist durch mehrphasige geologische Prozesse gebildet worden. Diese heterogene Genese der Lagerstättenbildung hat zu einer sehr unterschiedlichen Verteilung dieser Vorkommen auf der Erde geführt.

Durch die weltweit gestiegene Nachfrage nach Rohstoffen insbesondere von Erzen ist diesem Markt eine stark wachsende Bedeutung zugekommen. Der Rohstoffhunger Chinas und Indiens bezeugen den enormen Nachholbedarf dieser Länder an Infrastrukturprojekten und der individuellen Entwicklung der jeweiligen Bevölkerung.

Rohstoffnachfrage

Der weltweit steigende Bedarf an immer kürzer lebenden Konsumgütern steigert ebenfalls die Nachfrage nach Rohstoffen insbesondere auch von Metallen. Die Schaffung von Infrastruktur, Wohnraum, Industrie, das Überschreiten einer bestimmten „Armutsschwelle", technische Weiterentwicklung und die Aufrechterhaltung eines Entwicklungsvorsprungs sind ohne den Neueinsatz von Rohstoffen kaum darstellbar.

Bis die Recyclingquoten weltweit denen der westlichen Länder angepasst sind, müssen erst noch viele Tonnen der Metalle neu in den Rohstoffkreislauf eingebracht und die entsprechende Infrastruktur für die Wiederverwendung geschaffen werden.

Durch die Preissteigerung bei Metallen sind heute Erzvorkommen abbaubar, deren Gewinnung vor Jahren noch undenkbar erschien. Die weltweit wachsende Infrastruktur, die auch in bisher unerschlossene Gebiete vordringt, ermöglicht es auch dort, unter wirtschaftlichen Bedingungen Bodenschätze zu erschließen.

Eine Anreicherung von Wertmetallen wird durch unterschiedliche Prozesse der Lagerstättenbildung ermöglicht. Zum Beispiel muss bei Gold die Anreicherung des Goldes um den Faktor ca. 500 realisiert sein, um überhaupt über die Grenze der Bauwürdigkeit zu kommen. Diese Lagerstättenbildungsprozesse haben nicht gleichmäßig verteilt auf der Erde stattgefunden. Dies führt heute zu rohstoffreichen und -armen Ländern.

Die Rolle der Geowissenschaftler in der Rohstoffindustrie

Schlüsselrolle

Geowissenschaftler spielen eine Schlüsselrolle in der Rohstoffindustrie. Die Tätigkeit dieser Berufsgruppe überspannt einen großen Teil der Abläufe entlang der gesamten Prozesskette von der Erkundung in unbekannten Gebieten, über die Identifikation von Prospekten, der Ausarbeitung und Durchführung von Explorationsprogrammen. Anschließend beginnt die Bewertung des Lagerstättenpotenzials und die Erstellung eines 3D-Modelles der Lagerstätte, welches für die Abbauplanung unabdingbar ist. Bei dem Gewinnungsprozess gibt es eine Reihe von Überwachungsaufgaben, die den Abbau sichern und den Grubenbetrieb kontinuierlich ermöglichen. Hier definiert die Geotechnik meist die Abbaugeometrie und die geeignete Fördertechnik. Die ständige geotechnische Überwachung des Grubenbetriebes ist eine wichtige Aufgabe der Geowissenschaften. Der Grubenbetrieb wird in der Regel auf ca. 10 bis 30 Jahre ausgelegt. Während dieser Zeit wird die Weiterentwicklung der Ressourcen dieser Lagerstätte durchgeführt. Durch weitere Explorationsmaßnahmen wird versucht, sie zu erweitern, um gegebenenfalls auf Marktveränderungen reagieren zu können und die Lebensdauer des Vorkommens zu erhöhen. Wenn ein Vorkommen dennoch zu Ende geht oder die aktuellen Weltmarktpreise den weiteren Betrieb nicht mehr ermöglichen, tritt die Schließung oder vorübergehende Stilllegung der Lagerstätte in den Vordergrund der geowissenschaftlichen Arbeiten.

Die Rekultivierung der beeinträchtigten Geländeoberfläche, die Landschaftsgestaltung, der Wiederanstieg der Grundwässer, der infrastrukturelle Rückbau oder die Neunutzung der Betriebsfläche bieten ein weites Betätigungsfeld von der Planung bis zur Überwachung der Maßnahmen und der langfristigen Sicherung.

Exploration

Die Exploration beginnt in einem größeren Gebiet und hat das Ziel, schnell die eigentlichen Targets in diesem Gebiet zu definieren, um dann mit größerem Aufwand die Mineralisierung abzugrenzen. Dabei steht von Anfang an die Frage im Raum, wieviel Aufwand kann betrieben werden, um welchen Lagerstättentyp zu finden. Hiermit geht meist bereits eine mögliche Größe des Erzkörpers einher. Die richtige Abschätzung der Optionen führt meist zu einer mehrphasigen Explorationskampagne. In den einzelnen Phasen werden die eigentlichen Zielgebiete immer weiter eingegrenzt und definiert. Zunächst wird per Fernerkundung die generelle Lage festgestellt. In einem geographischen Informationssystem (GIS) werden die bereits existierenden Daten gesammelt und in Übersichtskarten allen Beteiligten zur Verfügung gestellt. Als nächstes werden Flusssedimente und Bodenproben genommen und untersucht. Daran schließen sich erste geophysikalische Verfahren an, die meist mit einer Befliegung beginnen. Neben diesen Befliegungen können je nach gesuchtem Erztyp auch am Boden Potenzialmethoden eingesetzt werden.

Ergibt sich eine sinnvolle Kombination aus geophysikalischen Anomalien mit der geologischen Geländebeobachtung, kann an eine Bohrkampagne gedacht werden. Nach eine Kartierung und einer strukturellen Analyse der Lagerungsverhältnisse und der sedimentologischen und/oder petrographischen Gegebenheiten wird ein erstes Modell erstellt, welches dann mit der ersten Bohrungsserie überprüft und gegebenenfalls verbessert wird. Die Anomalien der Mineralisationen und der geophysikalischen Untersuchungen bilden das Ziel der Erzkörpererkundung durch Bohrungen. Die Begleitung der Bohrungen, die Kernaufnahme oder die Beschreibung des Bohrkleins neben der gut dokumentierten Probennahme stellt den nächsten Schritt der Untersuchungen dar. Die in der Explorationsphase gewonnenen Daten müssen kontinuierlich in die aufgebauten Datenbanken eingepflegt und beurteilt werden, um Anpassungen am Explorationsplan zu ermöglichen.

Bohrkampagne

Das Ziel dieser Untersuchungen sollte eine erste Abschätzung der Größe und Struktur des Vorkommens möglich machen. Die Auswertung dieser Daten muss zeigen, ob eine weitere Explorationskampagne wirtschaftlich erscheint oder nicht. Geowissenschaftlern stehen hierfür zahlreiche wissenschaftliche Methoden zur Seite, in denen fast sämtliche geologischen Wissenschaften angewendet werden:
- Geophysikalische Verfahren: Seismik, Geomagnetik, Geoelektrik, Gravimetrie, Bohrlochgeophysik, u.a.
- Tektonische und strukturgeologische Analysen
- Paläontologische Analysen: Stratifizierung von Bohrkernen
- Geochemische Analytik zur Bestimmung von Anreicherungswerten
- Geoinformatik: tektonische Analysen, Erarbeitung von Ausbeutungsstrategien, Visualisierung.

All diese Untersuchungen sollten in ihrer Vorgehensweise gut dokumentiert und wiederholbar festgelegt sein. Dies geschieht durch Ausarbeitung sogenannter „Standard operation procedures" (SOP), die für einzelne Bearbeitungsschritte erstellt werden.

Diese Dokumentation bildet die spätere Basis für eine verlässliche Lagerstättenbewertung, die nach internationalen „reporting standards" stattfindet. Der Kapitalmarkt, vertreten durch die Börsen, hat nach einigen Falschdarstellungen von Lagerstättenpotenzialen zu einer Regelung gefunden, die genau vorschreibt, wie die Exploration durchgeführt und dokumentiert werden sollte, um an den Finanzplätzen akzeptiert zu werden. Es werden im Allgemeinen in der westlichen Welt die australischen Regeln JORC oder die kanadischen Regeln NI 43-101 als Vorbilder angewandt.

Mit der Bergbauplanung wird die eigentliche Machbarkeit der Lagerstättenerschließung geprüft. Mit der sogenannten Machbarkeitsstudie wird die wirtschaftliche Gewinnbarkeit in dem aktuellen Marktumfeld und den politischen Rahmenbedingungen überprüft. Eine Umweltverträglichkeitsuntersuchung ist ein weiterer wichtiger Baustein für die Entscheidungsfindung der Bergwerkseröffnung.

Die Studien, die nach diesen Regeln angefertigt werden, ermöglichen den Minenbetreibern die Kapitalaufnahme an den Rohstoffbörsen. Dieses Umfeld der Firmenbewertungen und der Überprüfung von Ressourcen und Reserven, die nach festgelegten Regeln definiert sind, liegt ein weites Feld für Geowissenschaften.

1.2.3 Wasserversorgung

(Horst Häußinger, München)

Die Diskussionen um den Klimawandel und dessen Folgen rücken es immer mehr in den Fokus: Die Bevölkerung des blauen Wasserplaneten hat ein offensichtliches Wasserproblem! Ein Problem wie geschaffen für Hydrogeologen/innen und Hydrologen/innen.

Eine gesicherte Wasserversorgung war schon immer und ist heute bei zunehmender Menschendichte mehr denn je einer der wichtigsten Standortfaktoren für Siedlung, Gewerbe und Industrie. Und das nicht nur in trockenen Ländern, auch und gerade in unseren Breiten. Schon heute wird weltweit mehr Geld mit Wasser als mit Erdöl umgesetzt. Konflikte um Trinkwasser sind nicht immer auf den ersten Blick erkennbar, sie sind beim genauen Hinsehen schon heute mindestens ebenso häufig wie solche um Öl- und Gasreserven.

Wasserversorgung

Wasserversorgung ist in Deutschland ein Thema der „allgemeinen Daseinsvorsorge" und befindet sich in den Händen der Gemeinden oder der von ihnen beauftragten Träger der Wasserversorgung. Ca. 6000 Wasserversorgungsunternehmen gibt es in Deutschland derzeit. Zunehmend drängen private Organisationen in diesen Markt, der künftig hohe Gewinnspannen verspricht. So kostete 2005 ein Kubikmeter Trinkwasser nach Angaben des Bundesverbandes der Energie und Wasserwirtschaft (BDEW) in Deutschland gerade einmal 1,81 € im Durchschnitt. Die gleiche Menge Mineral- oder Tafelwasser ist aber nur selten für weniger als 1000 € zu haben.

„billiges" Trinkwasser

Unabhängig von den jeweiligen Organisationsformen der Wasserversorgungsunternehmen wächst die Bedeutung von Geowissenschaftlern für die Sicherstellung der Trinkwasserversorgung in Deutschland in den letzten Jahren stetig. Hatten sich früher hier hauptsächlich Kaufleute und Bauingenieure mit dem Aufbau von Versorgungsstrukturen beschäftigt, war der Standort eines Brunnens bestenfalls eine Wirtschaftlichkeitsfrage, so sind in den letzten Jahren nicht nur die immer schwierigere Neuerschließung von Grund- und Trinkwasser, sondern auch alle Fragen des Grund- und Trinkwasserschutzes zu einem der Hauptstandbeine von geowissenschaftlichen Fachbüros geworden.

Wassererschließung

Es geht dabei um folgende Bereiche:

Neuerschließung von Wassergewinnungsanlagen

Für die Erschließung von Grundwasser sind Hydrogeologen heute nicht mehr wegzudenken. Denn es geht dabei um viel mehr als nur um die Festlegung eines geeigneten Bohrpunktes. Viel wichtiger für eine nachhaltige Nutzung ist die Bilanzierung des nutzbaren Grundwasserdargebotes. Also die Ermittlung des Grundwassereinzugsgebietes und der -neubildung anhand hydrogeologischer, hydrologischer und meteorologischer Basisdaten. Sehr wichtig ist die Beurteilung der Schützbarkeit des Grundwasservorkommens anhand einer Bewertung der Grundwasserüberdeckung und der „konkurrierenden Nutzungen" im Einzugsgebiet. Schließlich müssen Bohr- und Ausbauverfahren vorgeschlagen und ausgeschrieben werden, und die Bohrung muss von einem einschlägig erfahrenen Bauleiter betreut werden. Oft ist dies Aufgabe eines Geowissenschaftlers.

Neuerschließung von Wasser

Die Interpretation der Bohrergebnisse ist reine Geologensache, während die Entwicklung des Brunnens in Zusammenarbeit mit einem Brunnenbaumeister erfolgen sollte. Die behördliche Beurteilung der gewonnenen Daten im Rahmen der wasserrechtlichen Gestattungen erfolgt durch Geowissenschaftler in verschiedenen Ebenen der entsprechenden Fachverwaltungen. Ausarbeitung und Festsetzung eines Wasserschutzgebietes erfolgen schließlich durch Zusammenarbeit freier und amtlicher Geowissenschaftler unter Federführung von Verwaltungsjuristen.

Nach Einschätzung des BDG Berufsverband Deutscher Geowissenschaftler werden in diesem Sektor auch in Zukunft Stellen für junge Geowissenschaftler entstehen.

Betrieb von Wassergewinnungsanlagen

Auch der Betrieb von Wassergewinnungsanlagen erfordert geowissenschaftliches Fachwissen. In der Regel enthalten die Genehmigungsbescheide Auflagen für ein Monitoring in quantitativer und qualitativer Hinsicht, das auf Vorschläge der Fachleute in den Wasserbehörden zurückgeht und von Geowissenschaftlern der Wasserversorgungsbetriebe oder von Geobüros in deren Auftrag umgesetzt wird.

Monitoring von Grundwasserleitern

Hierfür ist das Wissen um die Eigenschaften und um das Verhalten des Grundwasserleiters ausschlaggebend. Bau und Auswahl geeigneter Messstellen, Zeitpunkte und Häufigkeit der Messungen und Probenahmen sowie die abschließende Beurteilung der Ergebnisse obliegen den Kollegen in den Ämtern. Ebenso wird die Entscheidung über fachlich angemessene Reaktionen bei auffälligen Ergebnissen zunächst zwischen den Kollegen der Wasserversorgungsunternehmen und den Kollegen in den Fachbehörden abgestimmt.

Dazu gehört auch das weite Feld der Trinkwasserschutzgebiete sowie deren Überwachung. Bei Unregelmäßigkeiten, Ausnahmen oder Sanierungsmaßnahmen ist das Fachwissen von Geowissenschaftlern/innen gefragt. Bei Unfällen mit wassergefährdenden Stoffen sind Geowissenschaftler aus Fachbüros und Behörden häufig die ersten und wichtigsten Ansprechpartner für Sofortmaßnahmen und Sanierungspläne.

Sanierung von Fassungsanlagen

Die meisten Gemeinden verfügen heute über ausreichend leistungsfähige Wassergewinnungsanlagen, die sich häufig jedoch in sanierungswürdigem Alter befinden. Die Untersuchung des Brunnenzustands mit optischen und geophysikalischen Methoden sowie die Planung von Sanierungsmaßnahmen erfolgt im engen Schulterschluss von Geowissenschaftlern mit Brunnenbauern. Dieses Geschäftsfeld ist in den letzten Jahren stetig in seiner Bedeutung gestiegen.

wichtige Brunnensanierung

Wassermanagement

Wassermanagement oder das seit einem Jahrzehnt vor allem auch im internationalen Bereich hochaktuelle „integrierte Wasserressourcenmanagement" (IWRM) gewinnt zunehmend an Bedeutung, weil sich die Erkenntnis durchsetzt, dass isolierte Maßnahmen eben auch nur isoliert und begrenzt wirken. Wenn die Menschen dazu gebracht werden sollen, Grundwasser zu schützen, muss ihnen möglichst der ganz individuelle Nutzen klar werden, müssen die vielfach komplexen Zusammenhänge und Synergien aufgezeigt werden.

Blick über den Tellerrand

Berufsfelder in den Geowissenschaften

> Warum soll Milch aus grundwasserschonender Landwirtschaft nicht mehr kosten dürfen? Dann hätte der Landwirt einen Anreiz zu grundwasserschonender Landwirtschaft. Der Verbraucher zahlt zwar geringfügig mehr für die Milch, hat aber langfristig den Nutzen, bestes Trinkwasser frei Haus geliefert zu bekommen. Er braucht kein besonders teures Wasser für die Babynahrung zu kaufen und nach Hause zu schleppen, wenn das Wasser aus der Leitung mindestens ebenso gut geeignet ist!

Man versteht unter IWRM eine „integrale Herangehensweise" an die Nutzung und Verteilung der Wasserreserven. Hier sind Geowissenschaftler in ihrer ganzen Bandbreite gefordert, und oft reichen die Handlungsfelder auch weit über die Kompetenzen von Geowissenschaftlern hinaus: grundwasserschonende Landbewirtschaftung, z.B. durch Ökolandbau zusammen mit Agraringenieuren, regionale Vermarktung der Produkte mit Ökonomen, Berücksichtigung der lokalen Infrastruktur und von Handel und Gewerbe, bis hin zu kulturellen Eigenheiten und darauf aufbauend das Entwickeln von Informationskampagnen durch Einschaltung von Werbefachleuten. Der Ansatz für ein IWRM muss für die jeweilige Situation entwickelt und angepasst werden. Dafür sind Kenntnisse in vielen Themenbereichen wie angepasste Technologien, Management, Finanzierung und Steuerung, Netzwerke und Kommunikation sowie kulturelle Faktoren erforderlich. Ein IWRM wird deshalb in Deutschland ganz anders aussehen müssen als in einem subtropischen Land.

Bandbreite

maßgeschneiderte Lösungen

> Die „Aktion Grundwasserschutz" der Bezirksregierung von Unterfranken ist ein gutes Beispiel für ein auf mitteleuropäische Verhältnisse angepasstes IWRM. Die Aktion geht auf den anhaltenden Widerstand der Bevölkerung gegen ein Talsperrenprojekt zurück. Wegen der ungleichen jahreszeitlichen Verteilung der Niederschläge schien eine Talsperre das Mittel der Wahl, um Trinkwasserreserven bereitzustellen. Ein Beschluss des bayerischen Ministerrates forderte angesichts dieser Proteste die Verwaltung auf, Alternativen zu einer Talsperre zu entwickeln. Schnell wurde klar, dass die quantitative Sicherung des Trinkwassers aus dem ausreichend vorhandenen Grundwasser zuvorderst eine Frage der qualitativen Sicherung ist. Steigende Nitrat- und Pestizidbelastungen dürfen nicht zu einer Ausweichbewegung führen, sondern müssen Sanierungsbemühungen nach sich ziehen. Ein wesentliches Standbein der Aktion Grundwasserschutz ist deshalb die Verknüpfung von Grundwasser schonender Landwirtschaft mit Regionalmarketing. Um Absatzmärkte zu schaffen ist Bewusstseinsbildung notwendig. Aufklärungskampagnen über die Medien werden vor allem durch die „Wasserschule" unterstützt: ein Konzept mit Lehrerhandreichungen und mehreren „stationären Wasserschulen" in Schullandheimen mit speziellen Kursangeboten. Man setzt auf die Erziehung der Eltern durch ihre Kinder. Die Bilanzierung der Grundwasservorräte und ihre Bewertung durch Hydrogeologen stellt auch hier die unerlässliche Basis dar.

Einsatzbereiche von Geowissenschaftlern

neue Aufgaben

Wassermanagement mag im wasserreichen Deutschland bislang eher eine Nebenrolle gespielt haben, gewinnt aber aktuell durch Vorgaben der EU enorm an Bedeutung. Vor allem bei begrenzten Grundwasserkörpern, die durch mehrere Entnahmestellen genutzt werden. Die Europäische Wasserrahmenrichtlinie fordert nicht nur qualitativ, sondern auch quantitativ das Erreichen des „guten Zustands". Die Beurteilung z.B. durch Wasserbilanzrechnungen, denen wiederum hydrogeologische Modellvorstellungen bis hin zu mathematischen Grundwassermodellen zu Grunde liegen, bildet hierfür die Basis.

GIS, GPS, Fernerkundung

Schon bei einem gewöhnlichen Entnahmeantrag mag die Abstimmung der Entnahmemodi aus verschiedenen Fassungen und deren Beurteilung im Hinblick auf das gesamte Grundwassersystem erforderlich werden. Bei der Berechnung des notwendigen Flächenumgriffs eines Wasserschutzgebietes haben sich hydrogeologische Modellrechnungen als sehr hilfreich herausgestellt und werden bei größeren Anlagen eingesetzt bzw. von den Genehmigungsbehörden gefordert. Dies gilt ganz besonders bei der Bewirtschaftung grenzüberschreitender Aquifersysteme. Hier findet der Einsatz von geographischen Informationssystemen, GPS und satellitengestützten Fernerkundungsmethoden in facettenreichen Spielarten statt.

1.2.4 Geotechnik und Baugrund

(Wolf Heer, Saabrücken)

Einsatzbereiche

Die Einsatzbereiche der in Geotechnik und Baugrund arbeitenden Geowissenschaftler sind sehr vielfältig und stellen die Gruppe mit den meisten beschäftigten Geowissenschaftlern in Deutschland dar. Viele von ihnen arbeiten in Ingenieur- und Geobüros, die bis zu 20 Mitarbeiter haben. Zu den Geobüros zählen auch Firmen, die sehr spezielle Dienste anbieten, wie das Durchführen geophysikalischer Untersuchungen. Diese Firmen sind relativ klein und beschäftigen selten mehr als 5 Mitarbeiter. In den letzten Jahren haben sich jedoch auch größere Ingenieurbüros etabliert, die neben den geotechnischen Leistungen auch andere Sparten der Ingenieurwissenschaften abdecken. Diese Ingenieurbüros haben in meistens mehrere Niederlassungen in Deutschland, häufig auch weitere im Ausland und bedienen sich projektbezogen häufig der Freelancer, die ihre geowissenschaftliche Dienste auf dem Markt anbieten.

Weiterer Bedarf an Geowissenschaftlern besteht bei nachfolgenden Firmen und Institutionen:
- Baufirmen des Tief- und Spezialtiefbaues
- Hersteller von Maschinen für den Spezialtiefbau
- Konzerne und öffentliche Auftraggeber, die Infrastrukturanlagen bauen und unterhalten, wie Tiefbauämter der Gemeinden und Städte, Landesbetriebe für den Straßenbau, Wasser- und Abwasserbetriebe und Eisenbahnbetriebe.

interdisziplinäre Teams

Der Geowissenschaftler ist in einem interdisziplinären Team eingebunden. So ergeben sich wichtige Anforderungen an seine Persönlichkeitsstruktur. Die Denk- und Arbeitsweise ist vom Teamgeist bestimmt. Kommunikation mit Auftraggebern, Fachplanern und anderen Beteiligten ist unumgänglich, da diese auf die Weitergabe der Informationen des Geowissenschaftlers angewiesen sind. Außerdem muss er sich mit den fachlichen Problemen seiner Gesprächspartner auseinandersetzen und mit ihnen fachlich fundierte Lösungen erarbeiten. Dies ist z. B. auf Baustellen der Fall, wo auftretende Schwierigkeiten während des Bauablaufs schnelles zielorientiertes Handeln erfordern, da ansonsten die Stillstände hohe Kosten verursachen würden. Dies setzt logisches und analytisches Denken voraus. Zusammenhänge müssen schnell erfasst und in Strukturen gefasst werden, um sodann Analysen zur Problemlösung erarbeiten zu können. Bei vielen Beteiligten am Bau ist dann noch Überzeugungsarbeit zu leisten.

Trotz oftmals komplexer Zusammenhänge sollten die erarbeiteten Ergebnisse plausibel und verständlich dargestellt werden.

Fachwissen in dem jeweiligen Arbeitsfeld ist selbstverständlich. Wegen der Arbeitsweise in fachlichen Netzwerken werden bestimmte Grundkenntnisse der Nachbardisziplinen vorausgesetzt. Beispielsweise muss ein sich mit Baugrundfragen beschäftigender Geowissenschaftler Grundlagen der Statik beherrschen. In bestimmten Fällen können sogar Grundkenntnisse der Maschinentechnik erforderlich sein, wenn z. B. Kanalrohre mit Hilfe von Microtunneling-Maschinen in den Untergrund eingebracht werden.

Das Arbeiten in Netzwerken erfordert Mobilität. Besuche von Baustellen, Auftraggebern und anderen fachlich Beteiligten sind an der Tagesordnung. Da bestimmte Baumaßnahmen im Schichtbetrieb laufen, sind Nachteinsätze auch vom leitenden Personal nicht außergewöhnlich.

Rechtskenntnisse sind für alle am Bau Beteiligten notwendig. Bauleistungen sind in der Verdingungsordnung für Bauleistungen (VOB) geregelt. Dies betrifft auch Fragen zum Baugrund. Weiterhin sollte der Geowissenschaftler Grundkenntnisse des Werkvertragsrechts haben, da die Grundlage seiner Arbeit eine Beauftragung voraussetzt.

Rechtskenntnisse erforderlich

Neben den einschlägigen DIN-Normen gibt es eine Reihe spezieller Regelwerke (z.B. RIL 836 Eisenbahnbau), die es zu beachten gilt und zwar sowohl für das Baugrundgutachten als auch für die gutachterliche Betreuung während der Bauphase.

Für den Entwurf, die Bemessung und die Ausführung der Gründungsbauwerke sind die „Anerkannten Regeln der Technik" zu berücksichtigen. Oberstes Gebot bei Bauwerken ist deren Standsicherheit und Gebrauchstauglichkeit, neben der Wirtschaftlichkeit und der Umweltverträglichkeit. Die Einflüsse, die von einem Bauwerk auf die Umgebung ausgehen, müssen ebenfalls untersucht werden.

Ist der Geowissenschaftler selbst Geschäftsführer oder Inhaber eines Geobüros, sind auch betriebswirtschaftliche Aufgaben zu bewältigen, wie z.B. Einsatzplanung, Controlling und Akquisition.

Ein ausschließlich geowissenschaftlich geprägter Studiengang vermag die angesprochenen Fachbereiche nicht abzudecken, so dass weiterführende Bildungsmaßnahmen notwendig sind. Dies gilt auch in Hinblick auf eine sich rasch verändernde Gesellschaft, die prinzipiell eine permanente Weiterbildung für das Bestehen in diesem Berufsfeld erfordert.

Deponietechnik

Die Deponietechnik ist eine junge Disziplin der Geotechnik. Deponien als solches gibt es seit alters her. Ein Beispiel hierfür ist der Monte Testaccio in Rom, auch als achter Hügel Roms bezeichnet. Die Römer entsorgten hier die Scherben der zerbrochenen Amphoren. In unseren Breiten wurden erstmals gegen Ende des 18. Jh. gemeindeeigene Flächen ausgewiesen, auf denen Müll abgelagert werden konnte. Ab dem 20. Jh. nahm die Wegwerfmentalität deutlich zu, so dass überall die sog. Müllkippen an den Ortsrändern entstanden sind. Viele dieser alten Müllkippen sind heute noch präsent und werden in einem Kataster als sog. Altablagerungen gelistet. Jedoch sind immer noch nicht alle dieser alten Müllkippen bekannt. In den 1950er Jahren wurde dann begonnen, zusätzlich große zentrale Müllkippen einzurichten. Diese wiesen jedoch keinerlei technische Vorrichtungen in Bezug auf den Umweltschutz auf. Durch die veränderte Müllzusammensetzung und abgelagerten Reststoffe kam es durch Austreten dieser Stoffe zu Schadstoffanreicherungen in Boden, Wasser und Luft.

Zu Beginn der 1970er Jahre wurden aufgrund dieser Tatsache Auflagen zum Schutz der Umwelt getroffen, welche dann den Grundstein für die Deponietechnik gelegt haben. Nach der Einführung des ersten Abfallbeseitigungsgesetzes von 1972 begann die Umstellung der zahlreichen ungeordneten Müllkippen (Abb. 1) auf eine deutlich geringere Zahl geordneter Deponien, die allmählich als technische Bauwerke errichtet wurden, um den Einfluss auf die Umwelt relativ gering zu halten.

Arbeitsfelder Somit entwickelte sich ein neues, umfangreiches und vielfältiges Aufgabengebiet für Geologen und Ingenieure. Die nachfolgende Übersicht soll verdeutlichen, welche Themen im Bereich der Deponietechnik zu bearbeiten und berücksichtigen sind:
- Gesetzliche Grundlagen
- Standorterkundung des Deponieuntergrundes
- Abdichtung des Deponiekörpers (Basis und Oberfläche)
- Anlagen zur Entwässerung (Deponiesicker- und Niederschlagswasser)
- Qualitätssicherung während des Baues
- Beschickung der Deponie
- Nachsorgeuntersuchung.

Neben den oberirdischen Deponien gibt es untertägige Deponien. Seit vielen Jahren läuft die Erkundung des bekannten Salzstockes bei Gorleben, der auf die Endlagerung radioaktiver Stoffe hin immer noch untersucht wird. Hier gelten prinzipiell die gleichen Anforderungen wie bei übertägigen Deponien.

Gesetzliche Grundlagen

Die Planung einer geordneten Deponie setzt die Kenntnis der gültigen Gesetze voraus, da diese als Grundlage dienen. Die Planung muss in jedem

Abb. 1: Ungeordnete Müllkippe, Griechenland 2006.

Falle behördlich genehmigt sein. Ohne Anspruch auf Vollständigkeit sind folgende Gesetze zu beachten:
- Naturschutzgesetz
- Bodenschutzgesetz und Bodenschutzverordnung
- Deponieverordnung (DepV)
- Kreislaufwirtschafts- und -abfallgesetz
- Wasserhaushaltsgesetz
- Ländervorschriften (LAGA).

Zusätzlich sind die Regelwerke, DIN-Normen und Technische Anleitungen zu berücksichtigen, wozu auch Empfehlungen, wie z.B. „Geotechnik der Deponien und Altlasten" zählen. Bei der Planung ist in jedem Falle der derzeitige Stand der Technik zu berücksichtigen, der nicht zwangsläufig mit den gültigen DIN-Normen übereinstimmen muss.

Standorterkundung des Deponieuntergrundes

Die Zielvorstellung für einen geeigneten Deponiestandort besteht darin, dass möglichst wenige Schadstoffe aus dem vorhandenen Standort in den Untergrund verfrachtet werden. Der Gesetzgeber hat vorgegeben, dass der direkt anstehende Untergrund unterhalb der Basis einer Deponie eine definierte Sperre darstellen muss. Aufgabe des Geologen ist es, die geologische Barriere auf ihre Wirksamkeit hin zu untersuchen. Der Geologe ist für die Erstellung des Untersuchungsprogramms verantwortlich, welches von nachfolgenden Faktoren abhängig ist:

Wirksamkeit der geologischen Barriere

- Infrastruktur, Morphologie, Mikroklima

- Chemisch-physikalische Eigenschaften und Menge des Abfalls (Stoffgefährlichkeiten)
- Geologische/hydrogeologische Verhältnisse im Untersuchungsgebiet.

Die Kenntnis der geologischen und hydrogeologischen Situation ist somit ein unabdingbarer Bestandteil der Planung. In die Untersuchungen ist neben der abdichtenden Wirkung die Aufstandsfläche als Baugrund hinsichtlich ihres Verformungsverhaltens zu untersuchen. Nachfolgend werden die einzelnen Untersuchungsschritte aufgezeichnet, die im Wesentlichen aus den Empfehlungen des Arbeitskreises zur „Geotechnik der Deponien und Altlasten", GDA/hrsg. von der Dt. Ges. für Geotechnik e.V. stammen.

Untersuchungsschwerpunkte der örtlichen allgemeinen geologischen und hydrogeologischen Untersuchungen sind:
- Charakteristik der Morphologie
- Ausbildung, Verbreitung, Mächtigkeit und Stratigraphie des Untergrundes
- Tektonische Ausbildung
- Mögliches Erdbebengebiet
- Tieferer Untergrund
- Grundwasservorkommen
- Besonderheiten.

Die Aufstandsfläche muss nicht zwangsläufig im Festgestein, sondern kann auch im Lockergestein liegen. Da die Mechanik von Boden und Fels Unterschiede aufweist, muss der Geologe sowohl die boden- als auch die felsmechanischen Eigenschaften beschreiben und analysieren. Von der zukünftigen Deponie dürfen keine unzulässigen Beeinflussungen auf die vorhandene Grundwassersituation ausgehen, insbesondere nicht auf die natürlichen Vorfluter und Wassergewinnungsanlagen. Unter dem Punkt Besonderheiten sind spezielle Faktoren zusammengefasst, die besonders schützenswerte Rohstoffvorkommen, geologische und archäologische Denkmäler oder Bergbaugebiete beschreiben. Ein Beispiel hierfür ist die Grube Messel, innerhalb derer eine Deponie geplant war. Fairerweise muss gesagt werden, dass vor allem aufgrund eines Bürgerbegehrens dieser Standort verworfen worden ist.

Doch wie werden die vielfältig zu beantwortenden Fragen angegangen? Da die Fragen zahl- und umfangreich sind, ist es sinnvoll, für diese Aufgabe einen Projektablaufplan zu entwickeln.

Sichtung der Unterlagen

Sinnvoll ist es, zuerst vorhandene Unterlagen zu sichten und auszuwerten, die Informationen für den in Frage kommenden Standort liefern könnten. In Frage kommen z.B.:
- Topographische Karten
- Orohydrographische Karten
- Bodenkundliche und geologische Karten und Erläuterungen
- Luft- und Satellitenbilder
- Auskünfte von geologischen Landesämtern bzw. Landesumweltämter.

Baugrundmodelle

Sind Unterlagen in ausreichender Anzahl und Qualität vorhanden, können daraus erste Baugrundmodelle als Arbeitshypothese entwickelt werden, die dann durch weitergehende Untersuchungen zu verifizieren sind, die einen Einblick in den vorhandenen Untergrund ermöglichen. Zur An-

wendung kommen hierbei direkte und indirekte Aufschlüsse. Direkte schließen den Untergrund auf, so dass die anstehenden Böden und der Fels sichtbar sind und beschrieben werden können. Zusätzlich können Proben für bodenmechanische und chemische Untersuchungen entnommen werden. Direkte Aufschlussmethoden sind:
- Bohrungen mit durchgehender Kerngewinnung
- Anlage von Schürfen mit Aushubgeräten
- Anlage von Schächten und Untersuchungsstollen in besonderen Fällen
- natürliche Aufschlüsse in Form von Felswänden und Lockerböden an Geländesprüngen.

Indirekte Aufschlüsse werden mit den Ergebnissen der direkten korreliert und ergänzen so das Baugrundmodell, da Letztere nur punktuell Hinweise zum geologischen Aufbau des Standortes liefern. So kann mit Hilfe geophysikalischer Untersuchungen das Baugrundmodell flächendeckend ergänzt und damit verfeinert werden, so dass die Aussagekraft einen höheren Stellenwert bekommt. Indirekte Aufschlussmethoden sind:
- geophysikalische Untersuchungen, inklusive Bohrlochuntersuchungen
- Widerstands- und Drucksondierungen
- Belastungsgroßversuche.

Die Sondierungen und Belastungsgroßversuche dienen vor allem bei Auffüllungen und anstehenden Lockergesteinen zur Verifizierung des Setzungsverhaltens des Untergrundes.

Bohrlochversuche dienen hauptsächlich der Beurteilung der Gebirgsdurchlässigkeit. Im Wesentlichen werden zwei Arten der Bohrlochversuche unterschieden:
- Pumpversuche
- Packerversuche.

Bei Schadstofftransportberechnungen werden zusätzlich Tracerversuche (Markierungsversuche) durchgeführt, um Aussagen zu erhalten über:
- Grundwasserfließrichtung
- Abstandsgeschwindigkeit
- Rückhaltevermögen
- Durchlässigkeit.

Als Tracer werden leicht lösliche Substanzen, wie Salze und fluoreszierendem Farbstoffe, gewählt, die auch in geringen Konzentrationen gut zu detektieren sind.

Die Ergebnisse aller Versuche sind zu dokumentieren und auszuwerten. Der geotechnische Bericht muss zu einer Beurteilung des geplanten Standortes kommen. Hierbei ist die Zielvorstellung für einen günstigen Deponiestandort maßgebend: die geologische Barriere verhindert eine Schadstoffausbreitung und hält langzeitig Schadstoffe zurück. Somit können Standorte als gut geeignet mit sehr geringem Kontaminationspotenzial bis hin als nicht geeignet mit hohem Kontaminationspotenzial klassifiziert werden.

Qualitätssicherung

Aufgrund des relativ hohen Gefährdungspotentials von Deponien wird vom Gesetzgeber eine umfangreiche Qualitätssicherung verlangt. Dem-

hohes Gefährdungspotenzial

Überwachung und Qualitätssicherung nach sind auf der Baustelle sowohl eine Fremd- als auch eine Eigenüberwachung erforderlich. Die Fremdüberwachung führt die notwendigen Untersuchungen als „verlängerter Arm" der zuständigen Behörde durch, während die Eigenüberwachung die Untersuchungen für das ausführende Unternehmen tätigt. Die Aufgabe des Fremdüberwachers besteht auch in der Kontrolle der Ergebnisse der Eigenüberwachung.

Zur Ausführung der Arbeiten ist vom Geologen ein Qualitätssicherungsplan (QSP) zu erstellen. Untersuchungen zu den Qualitätsanforderungen werden in der Eignungsprüfung zusammengestellt und bewertet. Dies gilt für jede einzelne Komponente des Abdichtungssystems. In der Regel wird der QSP in einen mineralischen Teil und einen polymeren Teil gegliedert, da Letzterer nicht zwangsläufig von demselben Büro bearbeitet wird wie der mineralische Teil.

Ein weiterer wesentlicher Bestandteil des QSP ist die Beschreibung der Anlage eines Probefeldes. Die zuvor in den Eignungsprüfungen festgestellte prinzipielle Eignung der Baustoffe muss nun baupraktisch nachgewiesen werden, da durch den Einbau die Baustoffe so verändert werden könnten, dass die erforderlichen Eigenschaften im eingebauten Zustand nicht erfüllt werden. Des Weiteren wird im Probefeld die Einbauweise für das gesamte Deponiebauwerk festgelegt.

Während des Einbaues sind die eingebauten Materialien auf ihre bodenmechanischen Parameter hin zu untersuchen. Beispielsweise sind bei mineralischen Dichtungsschichten die Kornverteilung, der Wassergehalt, der Verdichtungsgrad und der Durchlässigkeitsbeiwert zu bestimmen, um die definierten bodenmechanischen Eigenschaften zu überprüfen.

Alle Feld- und Laboruntersuchungen sind in der Dokumentation des QSP darzustellen und zu erläutern. Die Fremdüberwachung muss in diesem Bericht die Ergebnisse der Eigenüberwachung kommentieren.

Abdichtung des Deponiekörpers

Da sowohl die Basis- als auch die Oberflächenabdichtung (Abb. 2, 3 und 4) aus mehreren (System-)Komponenten besteht, wird von einem Basis- und Oberflächenabdichtungssystem gesprochen, welche wichtige Bestandteile bei der Entwurfsbearbeitung und der Bauausführung darstellen. In Abhängigkeit der Deponieklasse werden unterschiedliche Ausführungen dieser Systeme gewählt. Allgemein gilt: Je höher das Schadstoffpotenzial einer Deponie ist, desto aufwendiger ist die Ausführung des Basis- und des Oberflächenabdichtungssystems. Häufig werden Kombinationsabdichtungen eingesetzt, wobei jede einzelne Komponente die Funktion der Abdichtung übernimmt. Häufig wurden und werden Kombinationsabdichtungen mit einer mineralischen Dichtungsschicht und einer Kunststoffdichtungsbahn gebaut.

Bei älteren Deponien werden häufig Zwischenabdichtungen eingefügt. Diese fungieren als Basisabdichtung für die darauf aufbauende Deponie, während die darunterliegende Altdeponie durch diese Zwischenschicht vor weiteren Schadstoffanreicherungen geschützt wird. Diese Verfahrensweise kann dann angewendet werden, wenn das Schadstoff- und Gefähr-

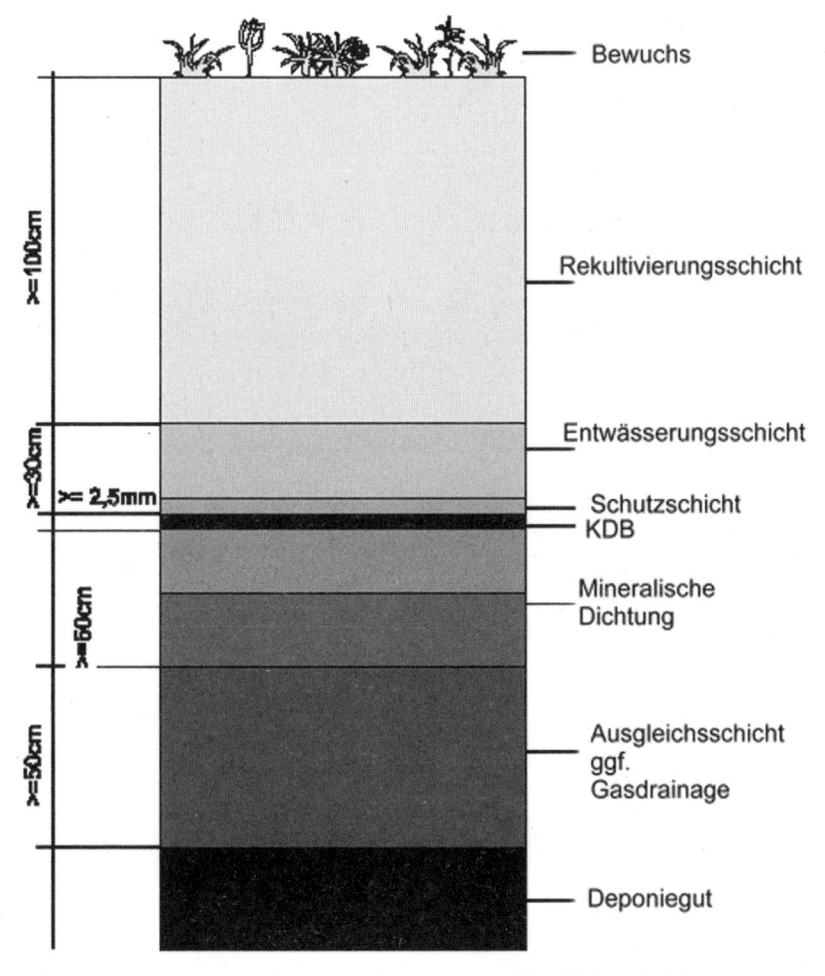

Abb. 2: Schematischer Aufbau eines kombinierten Oberflächenabdichtungssystems nach TASI.

dungspotenzial relativ gering ist, und findet vorzugsweise Anwendung bei Bauschutt- und Reststoffdeponien.

Anlagen zur Entwässerung

Die Anlagen zur Entwässerung beinhalten zum einen die Ableitung und Aufbereitung des anfallenden Sickerwassers innerhalb des Deponiekörpers, zum anderen die Ableitung des anfallenden Niederschlagswassers außerhalb des Deponiekörpers.

Als Sickerwasser wird das zirkulierende Wasser innerhalb des Deponiekörpers bezeichnet. Da dieses mit den eingelagerten Stoffen in Berührung kommt, wird die Schadstofffracht erhöht. Deshalb sollten während der Beschickung einer Deponie möglichst kleine Bereiche offen stehen, um den Sickerwasseranfall gering zu halten. Die Feststellung der chemischen Zu-

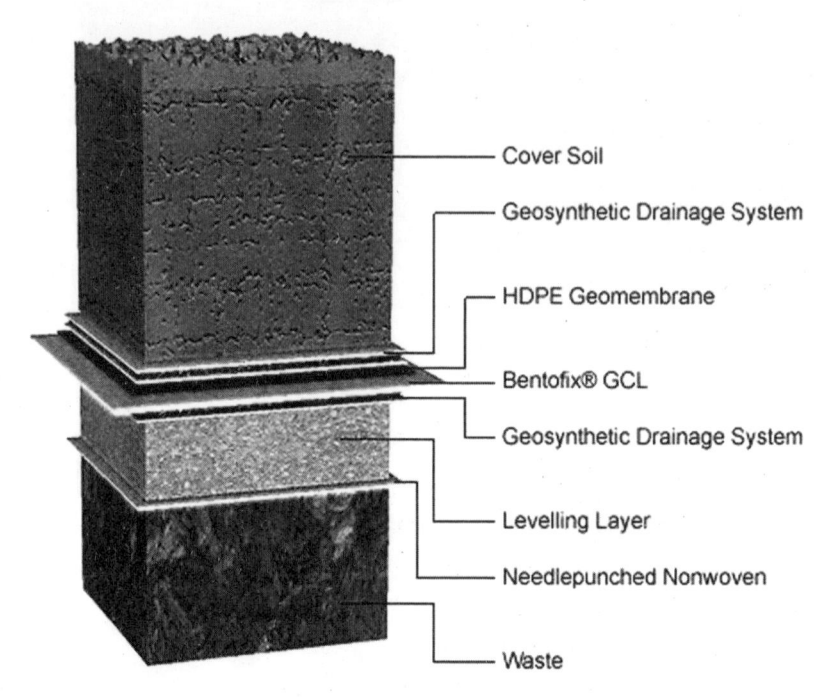

Abb. 3: Schematischer Aufbau eines kombinierten Oberflächenabdichtungssystems mit Geokunststoffen nach NAUE GmbH & Co. KG.

Abb. 4: Bau der Oberflächenabdichtung EVS-Deponie Merzig-Fitten.

Berufsfelder in den Geowissenschaften

sammensetzung ist erforderlich, um eine entsprechende Konzeption zur Sickerwasseraufbereitung zu erarbeiten oder in Abhängigkeit des Schadstoffgehaltes ein Entsorgungskonzept zu erstellen. Die Sickerwassererfassung und -reinigung ist wieder mehr eine technische Aufgabe, die in der Regel von Bauingenieuren wahrgenommen wird. Die Beschreibung des Sickerwasserhaushaltes und dessen Qualität ist wiederum Aufgabe des Geologen.

Die Oberflächenentwässerung soll verhindern, dass Niederschlagswasser zu Beschädigungen am Oberflächenabdichtungssystem führt und in den Deponiekörper eintreten kann.

Die Systeme müssen auch in Bezug auf ihr Langzeitverhalten hin untersucht werden, da Änderungen einzelner Systemkomponenten zu einem Systemversagen führen können.

Nachsorgeuntersuchung

Nach der Beschickung und Sicherung der Deponie können immer noch Gefahren auf die Atmosphärilien einwirken. Die Sicherungssysteme, sofern diese vorhanden sind, könnten gerade bei Altdeponien, deren Sicherheitsstandards deutlich niedriger liegen, versagen. Um solche Havarien frühzeitig feststellen zu können, sind vom Geologen in Absprache und Bewilligung der zuständigen Behörden Monitoring-Programme zu erstellen, anhand derer sich die Verbreitung der Schadstoffe in Raum und Zeit dokumentieren lässt.

Deponien bilden ein vielfältiges Betätigungsfeld für Geologen, angefangen von der Standorterkundung bis hin zur Nachsorge. Dies gilt natürlich in besonderem Maße für Altdeponien. Deren schlechten Standorte und Standards weisen oft ein deutlich höheres Risiko auf. Auch im außereuropäischen Raum ist ein weites Betätigungsfeld vorhanden.

1.2.5 Umweltschutz

(Jürgen Drewitz, Kassel)

Mit dem erdgewandten Blick der Geowissenschaftler finden diese seit Beginn der 1980er Jahre zunehmend im Umweltschutz, hier vornehmlich beim Boden- und Gewässerschutz, Aufgaben- und Arbeitsfelder. Hintergrund sind einerseits die Ausbildungsinhalte mit den daraus erwachsenen Kenntnissen in den Bereichen Sedimentologie, Petrologie und Hydrogeologie aber eben auch in der Physik und vor allem der Chemie, deren Kombination die Arbeit zum Schutz der Umweltmedien Wasser und Boden ausmacht. Andererseits ist der Geowissenschaftler im angewandten Bereich bestens vertraut mit dem erforderlichen Equipment zur Entnahme von Boden- und Grundwasserproben. Der vorbeugende Aspekt der Arbeit kommt in aller Regel in Genehmigungs- oder Planungsverfahren zum Tragen. Der nachsorgende in der Sanierung von Altlasten oder akuten Schädigungen von Boden und Grundwasser.

Einsatzbereiche von Geowissenschaftlern

Risikoexperten

Die Rolle der Geowissenschaftler in diesem Zusammenhang ist in aller Regel der des Experten für die Risiken für Boden und Grundwasser. Das geschieht in der Funktion als verantwortlicher Vertreter von Behörden oder als Mitarbeiter eines Geobüros. Neben dem einschlägigen Sachverstand sind Kenntnisse der relevanten Gesetze, Verordnungen und technischer Regelwerke erforderlich. Hilfreich ist es auch, wenn den Betroffenen die Grundregeln des Vergaberechts vertraut sind, oftmals besteht die Notwendigkeit externe Leistungen einzukaufen.

In der Zusammenarbeit mit Entscheidungsträgern und fachfremden Kooperationspartnern ist die Fähigkeit gefordert, geowissenschaftliche Sachverhalte für die Zielgruppe verständlich und eindrücklich zu formulieren. Im Falle einer Krise sind zusätzlich ein kühler Kopf, das gelegentlich erforderliche Durchsetzungsvermögen und eine solide Portion gesunden Menschenverstands hilfreich.

Tagebucheintrag 1

Von der städtischen Feuerwehr kommt die Meldung über eine Ölbelastung auf einem kleinen Fließgewässer. Zur weiteren Schadensermittlung wird der Geowissenschaftler in der Unteren Wasserbehörde angefordert. Gemeinsam mit den Einsatzkräften begeht er den Schadensort und veranlasst als erste Sicherungsmaßnahme das Einbringen einer Ölsperre. Als Vertreter der zuständigen Ordnungsbehörde obliegt ihm die Leitung und Koordinierung der weiteren Maßnahmen, er hat das letzte Wort und die letzte Verantwortung. Bei der Begehung wird festgestellt, dass der Zutritt des Mineralöls (aufgrund der Farbe wird Heizöl vermutet) in das Gewässer über einen Regenwasserkanal erfolgt. Schachtdeckel werden geöffnet, der Kanal wird mit einer Kamera befahren und so die Ölspur verfolgt. Nach einer Strecke von fast 2 km wird ein Grundstücksanschluss geortet, aus dem noch immer Öl in den Kanal eindringt. Die ahnungslosen Hauseigentümer werden angesprochen und gebeten, den Heizöllagerraum betreten zu dürfen. Schon beim Öffnen der Tür schlägt den Beteiligten Heizölgeruch entgegen. Aufgrund eines technischen Defekts an den Lagerbehältern war es nach dem Betanken der Anlage zum Austritt von ca. 200 l Heizöl gekommen, von denen ein Teil noch im Auffangraum der Anlage vorhanden ist. Da der Schutzanstrich des Auffangraumes aufgrund seines Alters und mangelhafter Ausführung undicht ist, konnte das Heizöl über das Ziegelmauerwerk in die angrenzende Hausdrainage und über diese in den Regenwasserkanal gelangen. Als Behördenvertreter ordnet der Geologe dem Grundstückseigentümer als Sanierungsverantwortlichem die erforderlichen Maßnahmen zur Sanierung an. Neben dem Abpumpen des Restöls und der Erneuerung der kontaminierten Bodenplatte und des Mauerwerks war die Ausdehnung des Schadens im Boden zu erkunden. Hierzu werden im näheren Umfeld des Hauses Rammkernsondierungen zur Entnahme von Bodenproben niedergebracht und diese chemisch analysiert. Anhand der Ergebnisse wird anschließend der Bereich festgelegt, welcher ausgebaggert werden muss. Gegen jede Anordnung, sei sie mündlich oder schriftlich, steht dem Adressaten das Recht auf Widerspruch und ggf. auf gerichtliche Überprüfung zu. Hier ist also außer dem fachlichen auch verwaltungsrechtliches Grundwissen unverzichtbar. Nach erfolgreicher Beendigung der Sanierungsmaßnahmen und einer abschließenden Spülung des Kanals kann dem Sanierungsverantwortlichen in einem Bescheid bestätigt werden, dass aus wasser- und bodenschutzrechtlicher Sicht keine weiteren Maßnahmen erforderlich sind. Im Nachgang solcher Ereignisse kann es durchaus vorkommen, dass der Behördenvertreter im Zusammenhang mit zivilrechtlichen Auseinandersetzungen zwischen Versicherungen, Firmen, Grundstückseigentümer usw. vom Gericht als Zeuge geladen wird.

Tagebucheintrag 2

Endlich mal wieder ins Gelände und richtige Geologie sehen! Es gilt, die Kerne einer Aufschlussbohrung zur Errichtung einer Grundwassermessstelle zu sichten und den Ausbau der Messstelle festzulegen. Solche Gelegenheiten werden gerne genutzt, um sich mit dem zuständigen Kollegen des geologischen Landesdienstes zu treffen. Hintergrund des Grundwasseraufschlusses ist ein nahe gelegener Gewerbekomplex, in dem in der Vergangenheit unterschiedliche Firmen ansässig waren. Die Kenntnisse über diese ehemaligen Nutzungen hat die Behörde aus einem umfangreichen Recherche-Projekt. Teilweise mit eigenen Personalressourcen, zum Teil aber auch mit externer Unterstützung wurden städtische und Landesarchive durchforstet und so relevante Betriebe ermittelt. Grundlage für die Auswertung ist eine entsprechende Positivliste des Landesamtes, in denen die Branchen hinsichtlich ihrer Umweltrelevanz bewertet und eingestuft wurden. Ein wichtiges Stichwort ist hier der Umgang mit wassergefährdenden Stoffen. Als Arbeitsgrundlage für den Geologen bei der Umweltbehörde dient eine umfangreiche Datenbank, in denen die Betriebe und ihre Standorte erfasst sind. Bei Konzeption, Aufbau und Pflege war er maßgeblich beteiligt. Er ist einerseits in der Lage, Interessenten für Grundstücke und potenzielle Investoren zeitnah über das Risiko zu informieren, welches beim Grundstückserwerb aus Altlastensicht besteht. Hierzu zählen auch Umweltinformationen für Banken und Notare, die von diesen zur Grundstücksbewertung herangezogen werden. Andererseits nutzt der Geologe die Daten auch für Untersuchungen im Rahmen einer behördlichen Gefahrerforschung. Die Untersuchungsstrategie wird dabei von den Rahmenbedingungen gesteuert. Liegen für ein Grundstück bereits konkrete Informationen zur genauen Lage von möglichen Eintragsstellen wassergefährdender Stoffe in den Untergrund vor, so kann über die Entnahme von Boden- oder Bodenluftproben die Schadstoffsituation erkundet werden. Ist aufgrund der Grundstücksgröße oder wegen einer großen Anzahl von ehemaligen Betrieben, die zum Teil über viele Jahrzehnte dort angesiedelt waren, unklar, wo genau ein Untersuchungsprogramm angesetzt werden kann, so bietet sich die Erkundung über den Grundwasserpfad an. Sowohl im Grundwasserabstrom als auch im Zustrom zu dem betroffenen Grundstück werden Grundwassermessstellen ausgebaut und das Grundwasser beprobt. Die gewonnenen Proben werden chemisch analytisch auf nutzungsspezifische Schadstoffe untersucht. Im Nachgang zu den meist mehrstufigen Untersuchungen kann dann je nach Ergebnis ein Sanierungsverantwortlicher ermittelt und zu weiteren Untersuchungen und gegebenenfalls Sanierungsmaßnahmen verpflichtet werden. Durch die behördlichen Grundwasseruntersuchungen kommt im Laufe der Jahre eine Vielzahl von Informationen zur Grundwassersituation zusammen. Eine solche umfangreiche Datensammlung liefert nicht nur einen Überblick über den chemischen Zustand des Grundwassers, sondern dient in Siedlungsbereichen auch als Informationsquelle für Architekten und Ingenieurbüros hinsichtlich des zu erwartenden Grundwasserstandes und der Beschaffenheit des Untergrunds.

Tagebucheintrag 3

Die Sanierung der ehemaligen optischen Fabrik beginnt. Die Stadt hat das ehemalige Gewerbegrundstück vor vielen Jahren erworben und dort übergangsweise Einrichtungen einer Berufsschule untergebracht. Boden- und vor allem Bodenluftproben haben, als Vermächtnis des ehemaligen Betreibers, eine Verunreinigung mit Lösemitteln zutage gefördert. Zum Leidwesen der finanzschwachen Kommune war zwischenzeitlich das Bundesbodenschutzgesetz in Kraft getreten, wonach in den Fällen, in denen der Verursacher nicht mehr greifbar ist, der Grundstückseigentümer als Sanierungsverantwortlicher in die Pflicht genommen wird. Da die Liegenschaftsverwaltung nicht in der Lage ist, die Gesamtsituation zu bewerten und die Sanierung zu betreuen, greift hier eine Verfügung des städtischen Organisationsamtes: Eine Teileinheit der Unteren Wasserbehörde unterstützt mit ihren Geowissenschaftlern das verantwortliche Amt und fungiert wie ein stadtinternes Ingenieurbüro. Mit den langjährigen Erfahrungen der städtischen Fachleute wird in der Diskussion mit den zuständigen Behörden und den beauftragten externen Ingenieurbüros die sinnvollste Sanierungsvariante ausgewählt, welche die Umweltinteressen genauso im Blick hat wie den städtischen Haushalt. Hierbei ist es äußerst hilfreich, dass die Geowissenschaftler bei der Unteren Wasserbehörde die sich aus dem Umweltrecht ergebenden Fragestellungen genauso beherrschen wie die naturwissenschaftlichen Grundlagen einer solchen Sanierungsmaßnahme und auch über die finanziellen Folgen eine Aussage treffen können.

1.2.6 Geowissenschaftler in der Raumordnung und Landesplanung

(Ulrike Grabski-Kieron und Martin Kieron, Münster)

Im beruflichen Bezugsfeld von Raumordnung und Landesplanung ergeben sich vor allem aus den fachlichen Planungsbelangen der Rohstoffsicherung und -vorsorge sowie der Gewinnung von Bodenschätzen für Geowissenschaftler spezifische sachlich inhaltliche und verfahrensmethodische Aufgaben. Sie beziehen sich darauf, geowissenschaftliche Fachbelange für die

Aufnahme in die Raumordnungspläne auf Ebenen der Bundesländer und ihrer Teilregionen aufzubereiten und in den jeweilgen Planungsverfahren einzubringen.

> Raumordnungspläne: Dazu zählen gemäß § 3 Abs. 7 ROG i.V.m. § 8 Abs. 1 ROG der Raumordnungsplan für das Landesgebiet und die Pläne für Teilräume der Länder; nach § 17 ROG auch zukünftig mögliche Raumordnungspläne für das Bundesgebiet.

Dieser Aufgabe kommt Bedeutung zu, weil die Gewinnung von Bodenschätzen und der Abbau von oberflächennahen Rohstoffen wie Sanden und Kiesen regelmäßig Flächennutzungsansprüche auslösen. Sie konkurrieren mit anderen Nutzungsansprüchen des Siedlungswesens, des Verkehrs, der Land- und Forstwirtschaft, des Tourismus oder des Naturschutzes an die Fläche. Der Flächenanspruch „Rohstoffabbau" betrifft dabei nicht nur den Abbaustandort selbst. Seine infrastrukturelle Erschließung, die mögliche Beeinträchtigung des nachbarschaftlichen Umfeldes durch Betriebslärm oder Verkehrsaufkommen, die Beeinträchtigung des Landschaftsbildes sowie mannigfaltige ökologische Folgewirkungen lösen regelmäßig Konflikte aus.

Es ist Aufgabe der Raumplanung, durch die ihr zur Verfügung stehenden Instrumente der Raumordnungspläne und mit den rechtlich geregelten Planungsverfahren eine möglichst konfliktminimierende Verteilung und Sicherung von Nutzungsfunktionen im Raum unter Beachtung des Ressourcen- und Umweltschutzes herbeizuführen. In Deutschland schließt das System der Raumplanung die drei übergeordneten Planungsebenen der Bundesraumordnung, der Landesplanung einschließlich der Regionalplanung sowie die Kommunalplanung ein (s. Abb. 5). Die Planungsebenen sind einerseits im Planungssystem rechtlich, inhaltlich und organisatorisch voneinander abgegrenzt, andererseits durch rechtliche Normen, insbesondere durch das Raumordnungsgesetz des Bundes, die Landesplanungsgesetze der Länder (s. zusammenfassend: BIELENBERG, RUNKEL, SPANNOWSKY 2009) sowie das Baugesetzbuch (BauGB), miteinander verknüpft. Das formalrechtliche bundesdeutsche Planungssystem wird durch die Einflussebene der EU und durch die Ebene der Objekt- oder Vorhabenplanung ergänzt.

Raumplanung schafft planerisch-rechtsverbindliche Grundlagen und Ziele für die zukünftige Raumentwicklung mit einer mittel- und langfristigen Planungsperspektive von 10–15 Jahren. Sie hat also eine ausgesprochene Querschnitts- und Koordinierungsfunktion, mit der sie sich von den raumbedeutsamen Fachplanungen abgrenzt, so z.B. von der Wasserwirtschaftsplanung oder der Abfallwirtschaftsplanung. Diese thematisieren ihre jeweiligen sektoralen Belange und bereiten sie auf der Basis eigener gesetzlicher Grundlagen zielführend und aufgabenbezogen auf den verschiedenen Planungsebenen bis hin zur Planumsetzung auf. Im Planungssystem gilt dies nach geltendem Rechtsverständnis auch dann, wenn Fachplanungen heute, wie z.B. die Wasserwirtschaftsplanung auf Basis der EU-

Fachplanungen

Einsatzbereiche von Geowissenschaftlern

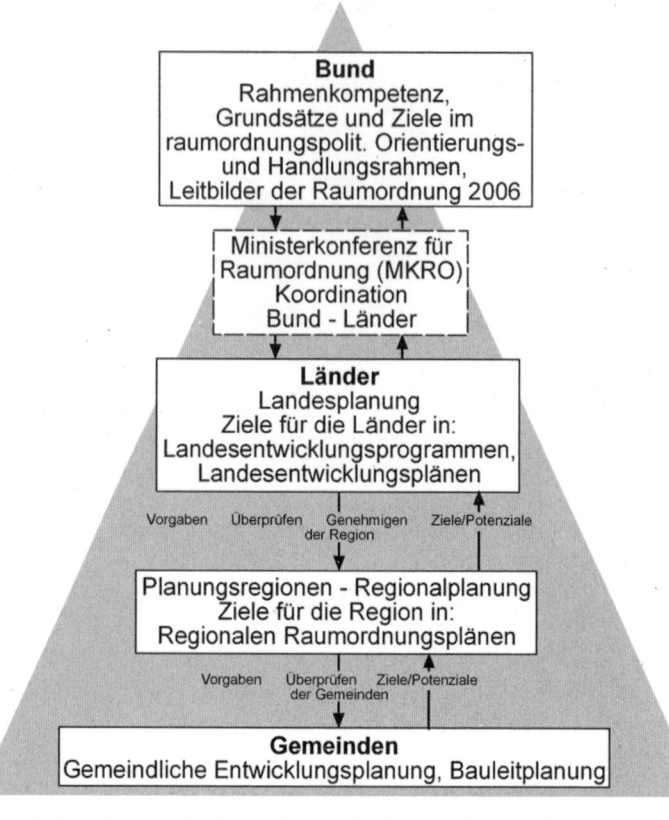

Abb. 5: Das System der Raumplanung in der Bundesrepublik Deutschland (FÜRST, SCHOLLES 2008, verändert).

WRRL oder die Landschaftsplanung, in ihren sektoralen Aufgaben zunehmend gesamträumliche Struktur- und Funktionsaspekte der Raumentwicklung mit aufgreifen.

Raumordnung und Landesplanung können ihre Querschnitts- und Koordinierungsaufgabe nur dann erfüllen, wenn die einzustellenden Fachbelange zielführend und gemäß den Anforderungen auf den jeweiligen Planungsebenen definiert und als Abwägungsbelange in die Verfahren zur Erarbeitung und Aufstellung der Raumordnungspläne eingestellt werden. Hier setzen geowissenschaftliche Beiträge an, die von Fachbehörden oder geowissenschaftlichen Dienststellen geleistet werden. Ihnen obliegt es, einerseits die nötigen raum- und standortbezogenen Grundlagen zu liefern und diese planungsbezogen so aufzubereiten, dass sie als relevante Planungsbelange in den Erarbeitungs- und Aufstellungsprozessen der Landes- und Regionalplanung berücksichtigt werden können. Andererseits müssen sie auch zu den Raumnutzungsansprüchen anderer Planungsträger fachlich fundiert Stellung nehmen, damit die Raumordnungsbehörden eine fachgerechte Abwägung der eingestellten Belange vornehmen können.

Informelle Planungsprozesse in Ergänzung zur formal-rechtlichen Raumordnung

Es käme jedoch einer verkürzten Sichtweise gleich, wollte man das Tätigkeitsfeld der Geowissenschaftler nur auf die Erstellung von Fachbeiträgen zur rechtlichen Raumordnung beziehen. Das Planungsgeschehen ist sehr vielgestaltig, denn informelle Planungstypen und Planungskonzepte, wie z.B. Regionale Entwicklungskonzepte (REK), kommen hinzu. Sie führen nicht unmittelbar in rechtlich reglementierten Verwaltungsverfahren zu geltendem Planungsrecht, sondern zielen mitwirkungs- und konsensorientiert darauf ab, unter Beteiligung privater Akteure z.B. Strategien und Projekte regionaler Entwicklung zu erarbeiten, mit denen die gesetzlichen Pflichtaufgaben der Raumordnung ergänzt und unterstützt werden können, wie es der Gesetzgeber ausdrücklich ermöglicht (gemäß § 13 ROG). Auch diese informellen Planungsprozesse dürfen als Plattformen, geowissenschaftliche Belange zu artikulieren, nicht übersehen werden. So gehen heute mittlerweile in manchen Flussregionen mit abbauwürdigen Kiesen und Sanden der Eröffnung formal-rechtlicher Verfahren zur Aufstellung der regionalen Raumordnungspläne informelle Abstimmungs- und Zielfindungsprozesse voraus, in denen akteursgetragene und konsensuale Abgrabungskonzeptionen für diese Regionen gesucht werden. Solche informellen Planungskonzepte bieten eine geeignete Grundlage, um den Abgrabungsbelang, der bereits regional konsensorientiert erarbeitet ist, in die Regional- und Landesplanung einzubringen (s. auch BISCHOFF, HÜCHTKER 1998). Auch der Ausweisung von Geoparks, die als informelle Gebietskategorien zum Schutz, aber auch zur Vermittlung besonderer Geopotenziale einer Region bei der Erarbeitung von Zielen der Regionalentwicklung berücksichtigt werden können, gehen i.d.R. solche Aushandlungsprozesse öffentlicher und privater Akteure einer Region voraus (MEGERLE 2006). Geowissenschaftliche Dienststellen können dabei später auch in die Organisation und Arbeitsstruktur eingebunden sein und z.B. Aufgaben der Ziel- und Qualitätssicherung solcher Parks übernehmen.

Hier spiegelt sich nicht zuletzt ein Wandel in Planungskultur und traditionellem Planungsverständnis wider, der das Planungswesen im ganzen mitteleuropäischen Raum erfasst hat. Mehr und mehr hat sich in den letzten Jahren die Erkenntnis durchgesetzt, dass räumliche Entwicklung nicht nur durch formal-rechtliche Planungsvorgaben und Programme zu steuern sei, sondern einer aktiven Mitwirkung und Mitgestaltung beteiligter öffentlicher wie privater Akteure und betroffener Bürger bedürfe (vgl. FÜRST, SCHOLLES 2008: 41).

Nimmt man die formal rechtliche Raumordnung u n d das informelle Planungswesen in den Fokus, wird deutlich, dass vom Geowissenschaftler im Tätigkeitsfeld der Raumplanung nicht nur seine Fachkompetenzen, sondern auch Verfahrens- und Methodenwissen sowie Kommunikationskompetenzen gefordert sind. Ein Blick auf die Bezugsfelder geowissenschaftlicher Beiträge im Rahmen von Landes- und Regionalplanung verdeutlicht dies.

vielfältiges Planungsgeschehen

Rohstoffsicherung als Aufgabe der Landes- und Regionalplanung

Eingebettet in die übergeordneten Leitvorstellungen der Raumentwicklung in Deutschland weisen sowohl das Raumordnungsgesetz des Bundes (ROG) als auch die Landesplanungsgesetze der Bundesländer der übergeordneten Raumordnung die Aufgabe zu, zur Rohstoffsicherung beizutragen.

> § 2 Abs. 2 Nr. 4 ROG: „... Für die vorsorgende Sicherung sowie die geordnete Aufsuchung und Gewinnung von standörtlich gebundenen Rohstoffen sind die räumlichen Voraussetzungen zu schaffen ..."

Einerseits folgt dieser Planungsauftrag dem grundlegenden Auftrag an die Landes- und Regionalplanung, Standortvoraussetzungen für die wirtschaftliche Entwicklung zu schaffen, andererseits sind sie auch dem Auftrag der nachhaltigen Raumentwicklung verpflichtet. Sie erkennen damit die Bedeutung des Rohstoffabbaus für die Wirtschaft an. Bei Abwägungen und Entscheidungen über sonstige raumbedeutsame Planungen und Maßnahmen ist gerade ihre Ortsgebundenheit, die Unvermehrbarkeit und die Qualität der Rohstofflager in besonderer Weise in der Planung zu berücksichtigen. Es obliegt den regionalen Raumordnungsplänen, diese Belange in konkrete Funktionszuweisungen zu überführen.

Die regionale Raumordnung erfüllt diese Aufgabe, indem sie die Bereiche für den Abbau von Bodenschätzen als Sicherungs- und Reservegebiete darstellt und in Abhängigkeit von der Entwicklung des Rohstoffbedarfs fortschreibt. Im Sinne nachhaltiger Flächennutzung wird heute der räumlichen Konzentration von Abbaubereichen und der räumlich gebündelten Sicherung von Reserveflächen eine zentrale Bedeutung zugewiesen. Doch setzt die Ausweisung nicht nur an der standörtlichen Verfügbarkeit der Bodenschätze und Rohstoffe an. Sie muss vielmehr regelmäßig auch auf Basis einer Prognose des Rohstoffbedarfes erfolgen. Diese Bedarfsplanung ist ein schwieriger und kritischer Arbeitsschritt bei der Aufstellung oder der Fortschreibung des regionalen Raumordnungsplanes (vgl.: TILKORN 2002, DERS. 2005, WATZEL 2002). Geowissenschaftlern der geologischen Landesdienste kommt die Aufgabe zu, Daten zur Lagerstättenmächtigkeit, zum verwertungstechnischen Ausnutzungsgrad, zur Flächenverfügbarkeit, ggf. auch zu alternativen oder sekundären Rohstoffen aufzubereiten und der Planung bereitzustellen. Die Daten werden von der Planungsbehörde den Daten des durchschnittlich jährlichen Flächenverbrauchs und der Bedarfsentwicklung des Substitutionspotenzials gegenübergestellt. In mehr oder weniger komplizierten Rechenoperationen werden in einem weiteren Schritt die Flächenumfänge zur Ausweisung im regionalen Raumordnungsplan ermittelt.

Rohstoffsicherungskonzeptes

Der abschließenden Ausweisung solcher Flächen im regionalen Raumordnungsplan geht schon aus Gründen des Gebotes eines haushälterischen Umgangs mit dem regionalen Rohstoffpotenzial sehr oft die Erarbeitung eines informellen Rohstoffsicherungskonzepts voraus. In ihm werden i.d.R. alle abbauwürdigen Flächen einer differenzierten Prüfung unterzogen. Darüber hinaus kann ein solches Konzept auch dazu beitragen, die Prognose des zukünftigen Rohstoffbedarfes für die Geltungsdauer des Planes zu optimieren. Aus der geologischen Landesaufnahme können dazu Karten der Rohstoffpotenziale und Angaben zur Abbauwürdigkeit von Lagerstätten abgeleitet und in Rohstoffsicherungskarten der Raumordnung zur Verfügung gestellt werden (s. LANGER 2000). Die ermittelten Gebiete werden – wie z.B. in der Landesplanung Nordrhein-Westfalen – als „rohstoffgeologisch und planerisch geeignete Reserveflächen für den Abbau nicht energetischer Bodenschätze" dargestellt.

Diese Grundlagen fließen auch ein in die Strategische Umweltprüfung SUP, die nach Richtlinie 2001/42/EG des Europäischen Parlaments und des Rates vom 27. Juni 2001 über die Prüfung der Umweltauswirkungen bestimmter Pläne und Programme (SUP-RL) für alle Raumordnungspläne als Pflichtaufgabe definiert ist. Mit Rohstoffsicherungskonzept und SUP bietet sich die Möglichkeit, die Abbaustandorte in der Region unter ökologischen und sozioökonomischen Gesichtspunkten zu optimieren. So kann bereits zu einem frühen Stadium der Planung z.B. ein Ausgleich zwischen den Interessensphären der Wirtschaft und der ökologischen Tabuflächen hergestellt werden. Die Strategische Umweltprüfung ist damit ein wichtiges Instrument, um die Eingriffe und Belastungen des Rohstoffabbaus für die ökologischen Potenziale der Kulturlandschaft möglichst zu minimieren. Darüber hinaus bietet sie die Möglichkeit, diese Potentiale möglichst effizient zu nutzen. Sie ist damit Etappe zu einem nachhaltigen Rohstoffabbau (vgl.: OTTERSBACH 2000, HILSE 2005). Im Rahmen der SUP ist es Aufgabe der beteiligten Geowissenschaftler, nicht nur die nötigen Daten bereitzustellen, sondern auch an den Prozessen des Screening und Scoping im SUP-Verfahren teilzunehmen, um den Untersuchungsrahmen der Prüfung mit abzustimmen.

Strategische Umweltprüfung

Nach den Prüf-, Beteiligungs- und Abwägungsprozessen können die „herausgefilterten" Rohstoffsicherungs-Bereiche oder Teile von ihnen auf drei Wegen Eingang in die Regionalen Raumordnungspläne finden: Sie werden gemäß § 6 Abs. 4 ROG entweder als Bereiche mit Vorrang-, Vorbehalts- oder mit Eignungsfunktion festgestellt (s. Abb. 6).

Aus diesen unterschiedlichen Festlegungen resultieren gemäß § 6 Abs. 4 ROG unterschiedliche planungsrechtliche Bindungswirkungen. Die Festlegung als „Vorranggebiet für die Rohstoffsicherung" schließt dabei andere Nutzungen oder Funktionen, die mit der Rohstoffsicherungsfunktion nicht vereinbar sind, aus. Die Abwägung der Nutzungsbelange wurde abschließend bereits auf der Ebene der regionalen Raumordnung getroffen. Demgegenüber verlagern regionalplanerische Ausweisungen als Vorbehaltsräume diesen Abwägungsvorgang auf nachgeordnete Planungsebenen, lassen also auf der Basis der raumordnerischen Aussagen noch Entscheidungsspielräume offen. Dies gilt in noch höherem Maße für festgelegte Eignungsräume. Beiden kommen jedoch für nachgeordnete Planungsebenen gleichwohl planerische Steuerungswirkungen zu. Um die bereits angesprochene Konzentrationswirkung der Abbautätigkeiten zu gewährleisten, werden solche Flächenkategorien nicht selten in enge räumliche Beziehung gestellt. So geht z.B. die Landesplanung Nordrhein-Westfalens von

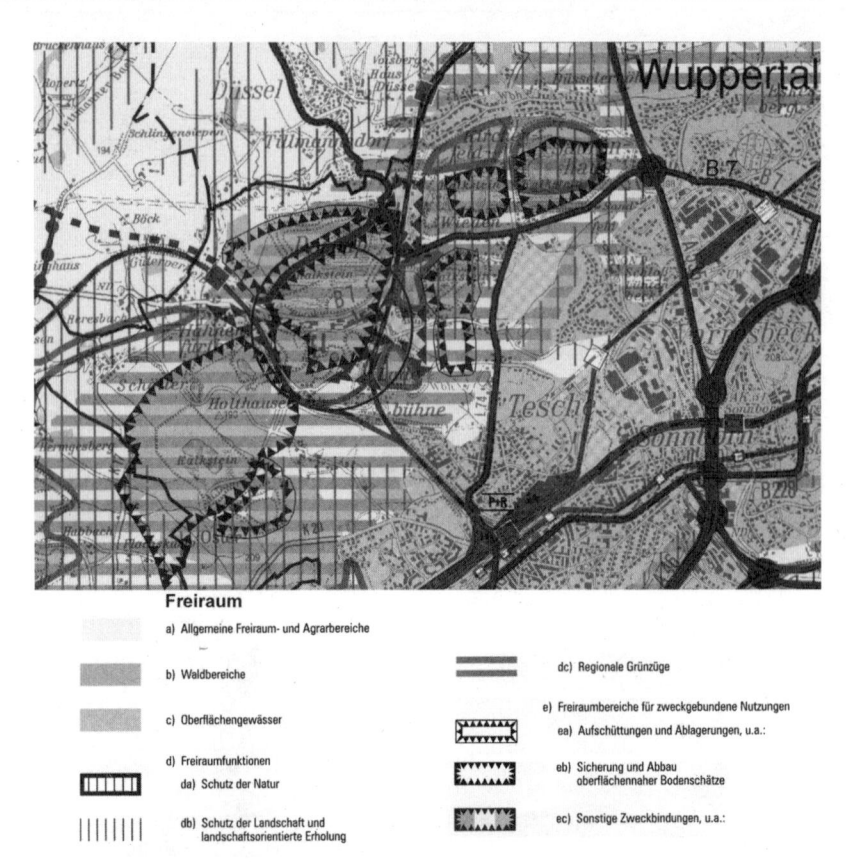

Abb. 6: Feststellung von Vorrangbereichen für die Rohstoffsicherung im regionalen Raumordnungsplan – Beispiel „Sicherung und Abbau oberflächennaher Bodenschätze" im regionalen Raumordnungsplan für den Regierungsbezirk Düsseldorf, Nordrhein-Westfalen (Quelle: Bezirksregierung Düsseldorf 2006: GEP 99, 27. Änd. 2004, Bek.mach. im GV.NRW Nr. 5 vom 16.02.2004, S. 93).

einer zweistufigen Flächenkategorisierung aus, in der innerhalb von ausgewiesenen Reservegebieten konkrete Abgrabungsbereiche mit „Wirkung eines Vorrangs" dargestellt werden (MINISTERIUM FÜR WIRTSCHAFT, MITTELSTAND UND ENERGIE DES LANDES NORDRHEIN-WESTFALEN 2005).

Fachliche Stellungnahmen oder Beiträge der geowissenschaftlichen Dienststellen sind auch gefordert, wenn der Raumordnungsplan Ziel- oder Grundsatzaussagen zu den Schutzgütern Boden und Wasser trifft. I.d.R. werden diese Belange im Rahmen der Festlegung von Funktionen und Strukturen des Freiraums in den Raumordnungsplänen (gemäß § 6 Abs. 3 ROG) aufgegriffen. Trinkwasservorsorge, Hochwasserschutz oder die Sicherung besonders erhaltens- oder gar schutzwürdiger Bodenfunktionen zählen u.a. zu raumrelevanten Freiraumbelangen (BONGARTZ 2005). I.d.R. werden solche Angaben, etwa zu regional bedeutsamen Hochwasser-Retentionsräumen, aus den bestehenden Fachplänen nachrichtlich in die

Raumordnungspläne übernommen. Es ergibt sich jedoch auch – z. B. im Zuge der Novellierung eines regionalen Raumordnungsplanes – der Fall, dass dessen Neuaufstellung der rechtskräftigen fachplanerischen Ausweisung vorausgeht. So kann der Raumordnungsplan bereits Zielaussagen zu einer Vorrangfunktion machen und diese räumlich darstellen. Die weitere Ausgestaltung als Schutzgebiet o. Ä. bleibt dann einem späteren fachplanerischen Verfahren vorbehalten. In jedem Fall wird der Fachbelang nicht ohne die Beteiligung der jeweiligen – auch geowissenschaftlichen – Fachbehörde einbezogen. Geowissenschaftler treten also als Vertreter eines Trägers öffentlicher Belange (TÖB) oder als Vertreter der zuständigen Fachbehörde auf.

Neben den skizzierten formal-rechtlichen Verfahren zur Aufstellung der Raumordnungspläne bieten sich im Kontext der regionalen Raumordnung auch weitere Verfahren an, die für den Einsatz von behördlich arbeitenden Geowissenschaftlern Beteiligungsansätze ermöglichen. So geht es beim Raumordnungsverfahren darum, ein raumbedeutsames Vorhaben auf seine Konsensfähigkeit mit den Zielen der Landesplanung zu prüfen (s. FÜRST/ SCHOLLES 2008). In dieses landesplanerische Verfahren ist eine Prüfung der Umweltverträglichkeit des Vorhabens integriert. Raumordnungsverfahren obliegen den Landesplanungsbehörden. Durchführung und Einbeziehung von Vorhabenstypen sind länderweise in speziellen Verordnungen geregelt und unterscheiden sich je nach Bundesland. Grundsätzlich obliegt es jedoch auch in diesen Raumverträglichkeitsverfahren den geowissenschaftlichen Dienststellen, die notwendigen fachlichen Grundlagen und Daten bereitzustellen und die Fachstellungnahme rechtzeitig in das Verfahren einzustellen.

Raumordnungsverfahren

Monitoring und laufende Raumbeobachtung als ergänzende Aufgaben

Über die dargestellten Beteiligungen und Beiträge hinaus sollten für die Zukunft auch erweiterte Anforderungen an geowissenschaftliche Dienststellen nicht vernachlässigt werden. Eine Perspektive dafür ergibt sich im Aufbau von Monitoringsystemen der Raumordnung auf Ebene des Landes oder der Region, die vielerorts angestrebt werden oder bereits existieren. Ihre Bedeutung ist zudem durch die Rechtsvorgaben der Strategischen Umweltprüfung erheblich gestiegen. Diese Systeme gehen über die traditionelle laufende Raumbeobachtung hinaus. Sie zielen daraufhin, ganz im Sinne eines haushälterischen Boden- und Flächenmanagements diejenige Raumbeanspruchung, die in Umsetzung von raumordnerischen Zielen und Ausweisungen erfolgt, in einem langfristigen Controllingprozess zu dokumentieren, um später Entscheidungshilfen für eine optimierte Flächenhaushaltspolitik zu erhalten. Dies kann z.B. das Abgrabungsgeschehen in einer Region für die Geltungsdauer des regionalen Raumordnungsplanes betreffen. Auf die geowissenschaftlichen Dienststellen kann dann die Aufgabe zukommen, entsprechende Daten einzupflegen oder gar den Aufbau solcher Monitoringsysteme für die Geopotentiale selbst zu übernehmen.

Geowissenschaftliche Aufgaben in Kommunen und Landkreisen

Während im Bezugsfeld der übergeordneten Raumordnung Grundlagenerarbeitung, Beteiligungsinteressen und Fachbeiträge das Aufgabenspektrum der Geowissenschaftler maßgeblich bestimmen, ergeben sich auf der kommunalen Ebene weitere Arbeitsbereiche. Nicht alle stehen dabei im Schnittfeld zur übergeordneten Raumordnung und Landesplanung. Daher werden sie hier nur überblicksartig skizziert.

zusätzliche Aufgabenbereiche

Im Mehrebenensystem der deutschen Raumordnung (s. Abb. 5) stellen die Kommunen die unterste Ebene dar. An den Abstimmungsprozessen zwischen den Ebenen gemäß dem Gegenstromprinzip als einem Leitprinzip der deutschen Raumordnung nehmen sie daher mit Rechten und Pflichten teil. Bei Aufstellung oder Novellierung eines Raumordnungsplanes, in dessen Geltungsbereich die Kommune liegt, ergibt sich im fachlichen Bedarfsfall für kommunal tätige Geowissenschaftler daraus, dass sie spezifische Aspekte zu den Schutzgütern Boden und Wasser oder zu Lagerstätten und Rohstoffvorkommen im Gebiet der Kommune als Beitrag zur Stellungnahme der Kommune aufarbeiten und so die fachliche Positionierung der Kommune im Planungsverfahren ausdrücken.

Doch macht dieser Einsatz nur einen geringen Teil der in den Kommunen anstehenden Aufgaben aus. Sie sind zwar in das System der Raumplanung eingebunden, üben aber gemäß Art. 28 GG Selbstverwaltungshoheit aus. Auch die Planungshoheit für das eigene Gemeinde- oder Stadtgebiet ist daran gebunden. Gesetzliche Grundlage dafür ist das Baugesetzbuch (BauGB). Darüber hinaus bilden kreisfreie Städte und Gemeinden sowie die (kommunal verfassten) Landkreise auch im hierarchischen Mehrebenensystem der raum- und umweltrelevanten Fachverwaltungen eine untere Ebene, der landesrechtlich bestimmte Aufgaben, etwa als Genehmigungsbehörde im Wasserrecht, zugewiesen werden. Damit öffnet sich der Blick auf weitere Aufgabenfelder, in denen Geowissenschaftler tätig sind. Im Überblick betrachtet lassen sie sich wie folgt auflisten:

- Fachbeiträge zur Bauleitplanung, zu anderen Plänen des allgemeinen und besonderen Städtebaurechts, zur Landschaftsplanung und zur Umweltprüfung,
- Sanierungsplanung und -überwachung von Altlasten,
- Grundwasser- und Baugrundüberwachung,
- Monitoring und Raumbeobachtung einschl. Fachdokumentation,
- Beiträge zur Umweltberichterstattung.

Zusammenfassung

Im Mittelpunkt der beruflichen Tätigkeitsfelder im Kontext von Raumordnung und Landesplanung steht, die geowissenschaftlichen Fachbelange für eine Übernahme in die übergeordnete Raumplanung aufzubereiten und zu vertreten. In der aktuellen, stark mitwirkungsorientierten Planungskultur, der auch die Raumordnung als querschnittsorientierte Planung zur zukünftigen Raumentwicklung unterliegt, heißt dies, Fach- und Verfahrenskompetenzen auf verschiedenen Wegen in die Prozesse der planerischen Zielfindung und Absicherung einfließen zu lassen. Daran sind anspruchsvolle

Aufgaben gebunden. Sie sind umso anspruchsvoller in Anbetracht eines Planungswesens, in dem sich i.S. eines veränderten Steuerungsverständnisses von „Governance" formal-rechtliche und informelle Planungs- und Steuerungsformen ergänzen. Darin sind die Raumordnung und Landesplanung eingebettet.

Literatur

BIELENBERG, WALTER/RUNKEL, PETER/SPANNOWSKY, WILLY (2009): Raumordnungs- und Landesplanungsrecht des Bundes und der Länder, Loseblatt. Stand: 02/2009, Berlin.

BISCHOFF, ARIANE/HÜCHTKER, SIBILLE (1998): Dialogorientiertes Vorgehen im Konfliktfeld Kiesabbau – Erfahrungen am Beispiel von drei Abbaurahmenplänen. In: Natur und Landschaft, 73. Jg., Heft 9, 381–385.

BONGARTZ, MICHAEL (2005): Grundwassersicherung und Grundwasserschutz. In: Handwörterbuch der Raumordnung und Raumforschung. Hannover, 428–434.

FÜRST, DIETRICH/SCHOLLES, FRANK (Hrsg.) (2008): Handbuch Theorien und Methoden der Raum- und Umweltplanung. 3. Aufl. Dortmund.

HILSE, HAGEN (2005): Die Strategische Umweltprüfung als neues Planungsinstrument für die Förderung einer nachhaltigen Entwicklung. In: Drebenstedt, Carsten (Hrsg.): Konfliktmanagement bei der Planung von Rohstoffvorhaben. Freiberger Forschungsforum: 55. Berg- und Hüttenmännischer Tag 2005. 21–31.

LANGER, ALFRED (2000): Rohstoffsicherung in Niedersachsen. In: Niedersächsische Akademie der Geowissenschaften (Hrsg.): Rohstoffsicherung und Naturschutz, Heft 18, 16–21.

MEGERLE., ANNE-MARIE (2006): Geotope und ihr Potenzial für die Regionalentwicklung. In: Schriftenreihe der Deutschen Gesellschaft für Geowissenschaften H 44, 23–29.

MINISTERIUM FÜR WIRTSCHAFT, MITTELSTAND UND ENERGIE DES LANDES NORDRHEIN-WESTFALEN – LANDESPLANUNGSBEHÖRDE (2005): Rohstoffsicherung in Nordrhein-Westfalen. Arbeitsbericht. Online unter: www.mwme.nrw.de, Zugriff 09.05.2010.

OTTERSBACH, ULRICH (2000): Operationalisierung von Zielen einer nachhaltigen Entwicklung in der Regionalplanung – Abbau oberflächennaher Rohstoffe. In: Akademie für Raumforschung und Landesplanung (ARL) (Hrsg.): Nachhaltigkeitsprinzip in der Regionalplanung: Handreichung zur Operationalisierung. Hannover.

TILLKORN, ERICH (2002): Die Bedarfsfrage als Kernproblem regionalplanerischer Rohstoffsicherung. In: Institut für Landes- und Stadtentwicklungsforschung des Landes Nordrhein-Westfalen (ILS) (Hrsg.): Rohstoffsicherung – Fachtagung zur Weiterentwicklung der Landesplanung in NRW. 61–66.

TILLKORN, ERICH (2005): Mengensteuerung und Flächenbedarfskonto in der Gebietsentwicklungsplanung im Regierungsbezirk Münster. In: Informationen zur Raumentwicklung, Heft 4/5, 223–228.

WATZEL, RALPH (2002): Rohstoffvorsorgeplanung in Baden-Württemberg. In: Institut für Landes- und Stadtentwicklungsforschung des Landes Nordrhein-Westfalen (ILS) (Hrsg.): Rohstoffsicherung – Fachtagung zur Weiterentwicklung der Landesplanung in NRW. 73–82.

1.2.7 Berufsfelder in Hochschulen und Forschungseinrichtungen

(Helmut Heinisch, Halle a.d. Saale)

Die geowissenschaftlichen Berufsfelder dieses Kapitels werden in den Bereich der Lehre und den Bereich der Forschung untergliedert. Idealerweise sind beide Einsatzbereiche miteinander verknüpft, weisen in ihrer Gewichtung jedoch eine entsprechend gegengleiche Verteilung auf.

Lehraufgaben an Hochschulen

Didaktische Kompetenzen und Verantwortung in der Ausgestaltung der Lehraufgaben sind wesentlich für den Beruf des Hochschullehrers. Die Grundlagenforschung sowie die Auftragsforschung zu angewandten geowissenschaftlichen Fragestellungen konzentrieren sich heute weitgehend in wenigen Großforschungseinrichtungen. Im politischen Sinne und im Sinne der Zielvereinbarungen zwischen Hochschulleitung, Fachbereichen oder Ministerien wird auch für die Hochschulen die Forschungsfähigkeit besonders betont. Dieses Desiderat verstärkte sich in den letzten Jahren erheblich durch die Exzellenz-Initiative. In der Realität des Hochschulalltags erschweren Stellenmangel und bürokratischer Wildwuchs eine ausgewogene Ausgestaltung von Forschung und Lehre.

Da die Mittelkürzungen im Bildungssektor absehbar weitergehen werden, sollte realistischerweise von einer weiteren Verschiebung der Gewichte ausgegangen werden. Hochschulen werden zunehmend zu reinen (Aus)Bildungseinrichtungen. Potenzielle Interessenten an geowissenschaftlichen Berufen sollten hinsichtlich einer Hochschulkarriere entsprechende Neigungen zu Lehrberufen, Begeisterungsfähigkeit und Talent im Umgang mit jungen Leuten mitbringen. Die Einführung verschulter Studiengänge insbesondere im BSc-System ist an den Geowissenschaftlichen Instituten komplett umgesetzt. Entsprechend überproportional stiegen der bürokratische Aufwand und die Lehrbelastung. Besonders zeitintensiv ist die Pflege von sogenannten Studien-Management-Systemen und Datenbanken. Hochschullehrer verbringen erhebliche Teile ihrer Zeit am Bildschirm mit Dateneingabemasken und mäßig geeigneten Computersystemen. Verwaltungsfachkräfte, die eigentlich zur Übernahme dieser Aufgaben vorgesehen wären, fehlen entweder ganz wegen Stellenmangels oder sind dank der unübersichtlichen und schwer handhabbaren Programme oft überfordert. Da Prüfungsleistungen juristisch relevant sind, fallen diese Aufgaben in der Regel auf den akademischen Mittelbau oder die Professoren selbst zurück.

Forschungstätigkeit

Interessenten mit dem Ziel geowissenschaftlicher Forschung planen daher ihre Karriere sinnvollerweise an einem der geowissenschaftlichen Großforschungsinstitute. Hier sind sowohl laborativ als auch von der Ausstattung der Sachmittel geeignete Voraussetzungen für Spitzenforschung gegeben. Auch in den Großforschungszentren stieg der bürokratische Aufwand für Akquisition von Forschungsgeldern, Evaluierung und interne Verwaltung in den vergangenen Jahren erheblich.

Die Verknüpfung mit der Lehre ist auch hier gegeben, sei es durch Übernahme von Qualifikanden aus benachbarten Hochschulinstituten oder durch sogenannte S-Professuren auf Direktorenebene. Durch gemeinsame Berufungen werden in der Regel zwei Semester-Wochenstunden an Lehre von S-Professuren angeboten. Auch innerhalb von Forschungsprojekten sind die Großforschungseinrichtungen ausnahmslos mit Universitätsinstituten verknüpft. Manchmal sind sie auch organisatorisch verbunden. Man kann also auch für die Karriereplanung von einem intensiven Austausch zwischen beiden Bereichen und entsprechender Durchlässigkeit ausgehen.

Karriere an Hochschulen

Die Hochschulkarriere gliedert sich hierarchisch. Nach einem erfolgreichen Master-Studium mit mindestens guter Leistung ergibt sich die Möglichkeit eines Promotionsstudiums. Eine Finanzierung erfolgt überwiegend über Drittmittel-Projekte. Planstellen für Promotionsstudenten, also wissenschaftliche halbe oder Dreiviertelstellen sind jedoch selten geworden.

Promotion

Es gilt also, an Fördermittel heranzukommen. In der Vergangenheit waren dies vor allem Mittel der Deutschen Forschungsgemeinschaft (DFG). Bei eher anwendungsorientierten Spezialisierungen kommen Mittel des Bundesministeriums für Bildung und Forschung (BMBF) hinzu. Die Leitung der Arbeitsgruppe wird sich bemühen, Mitglied eines Schwerpunktprogrammes oder eines Verbundprojektes zu sein. Einzelanträge kommen zunehmend aus der Mode.

Einen weiteren Weg für die Finanzierung von Promotionen stellen Graduiertenstipendien dar. An erster Stelle steht hier die Graduiertenförderung, die allerdings herausragende Examensnoten zur Bedingung hat. Finanziell sind die Graduiertenstipendien schlechter ausgestattet als die Angestelltenverhältnisse, die sich nach dem Tarifvertrag des öffentlichen Dienstes richten.

Es war bisher guter Brauch, dass Dissertationsthemen von Professoren oder wissenschaftlichen Mitarbeitern auf Dauerstellen erdacht werden sowie auch betreuerseitig für ihre Finanzierungsanträge zu sorgen. Es mehren sich jedoch in Deutschland die Fälle, wo die Kandidaten sowohl ihr Thema als auch ihre Finanzierung selbst organisieren müssen.

Neben der Beschäftigung mit einem wissenschaftlichen Thema, welches in der Regel in ein Verbundprojekt oder eine Forschergruppe eingebunden sein wird, sind auch bei Promotionsstellen erste Kompetenzen in der Lehre erwünscht. In der Regel liegt das Lehr-Deputat bei zwei Semesterwochenstunden, kann aber auf ein Mehrfaches ansteigen. Hier ist Vorsicht geboten, da ein Übermaß an Lehrverpflichtung eine fristgerechte Fertigstellung der Promotion vereiteln wird.

Nach erfolgter Promotion besteht die Möglichkeit, eine wissenschaftliche Mitarbeiterstelle in Vollzeit zu bekleiden. Gelegentlich gelingt dies bereits, wenn eine Promotion weit fortgeschritten ist. Es handelt sich hierbei so gut wie immer um befristete Stellen. Sie entsprechen in den Tätigkeitsmerkmalen dem früher üblichen Status des „wissenschaftlichen Assistenten". Sie wurden weitgehend abgeschafft.

Die Bezahlung erfolgt nach dem Tarifvertrag für den öffentlichen Dienst der Länder (TV-L) in Entgeltgruppe 13. Vereinzelt kommen auch niedrigere

Entgeltgruppen bei Ausschreibungen vor (bis 11 TV-L). Eine konkrete Nennung des Brutto-Gehalts ist schwierig, da im Öffentlichen Dienst nach wie vor u.a. Alter und Familienverhältnisse in die Bezahlung eingehen. Als Richtwert für ein Einstiegsgehalt kann bei einer Vollzeitstelle von etwa 3600 € Brutto ausgegangen werden, bei Teilzeit entsprechend anteilig weniger.

Die Vertragslaufzeit war bisher auf 2 x 3 Jahre festgelegt. Die Vertragsverlängerung nach drei Jahren ist von einer positiven Evaluierung abhängig. Es bestehen Tendenzen, die Gesamtlaufzeit auf 5 Jahre zu begrenzen. Damit sind von Anfang an hohe Leistungsbereitschaft, effizientes Zeitmanagement und Belastbarkeit gefordert. Die langjährige Erfahrung des Autors an Hochschulen zeigt, dass bei vergleichsweise mäßiger Bezahlung Arbeitszeiten von bis zu 60 Stunden notwendig sind. Wochenendarbeit ist üblich, Besuch von Projektbesprechungen und wissenschaftlichen Tagungen sind Pflicht.

Habilitation   Klassisches Ziel am Ende der Assistentenzeit ist die Habilitation. Wird diese nach 6 bzw. 5 Jahren nicht erreicht, endet die Hochschulkarriere abrupt. Als Habilitationsleistung galten früher hervorragende wissenschaftliche Ergebnisse, die in Gestalt einer größeren monographischen Arbeit veröffentlich wurden. An diese Stelle tritt heute vermehrt die kumulative Habilitation. Hier werden mehrere herausragende Einzelarbeiten vorgelegt, die in entsprechend hochrangigen Zeitschriften mit Review-System veröffentlicht worden sein müssen. Die Habilitationsordnungen der Fakultäten regeln das Procedere im Detail. Da die Habilitation die Qualifikation als Hochschullehrer nachweisen soll, werden auch didaktische Fähigkeiten geprüft. Auch der Nachweis entsprechender Lehrerfahrung ist zu führen.

Junior-Professur   Den Habilitierten eröffnet sich die Möglichkeit der Bewerbung auf ausgeschriebene Professoren-Stellen. Da Habilitation in fast allen Bundesländern nicht mehr verpflichtend vorgeschrieben ist, trifft man zunehmend auf konkurrierende Bewerber aus der Praxis. Recht neu ist die Einführung von Junior-Professuren. Eine Habilitation ist hierbei hilfreich, aber nicht Voraussetzung. Sie wurden zunächst mit Sondermitteln des Bundes anfinanziert. Eine Start-Prämie von 100000 bis 200000 € pro Junior-Professur sollte die apparative Grundausstattung unter Umgehung langwieriger Berufungsverhandlungen sichern und den Aufbau einer möglichst schlagkräftigen Forschergruppe ermöglichen. Auch hier steht wieder das Desiderat der Forschungsergebnisse im Vordergrund; die Notwendigkeit der Lehre an Hochschulen findet kaum Berücksichtigung. Im Bereich der Geowissenschaften sind nur sehr wenige Juniorprofessuren eingerichtet worden. Sinnvoll wird das Modell erst, wenn es mit dem angelsächsischen System des „tenure track" verknüpft wird. Dies bedeutet, dass nach entsprechender positiver Evaluierung eine dauerhafte Übernahme auf eine Professorenstelle anschließt. Es ist zu hoffen, dass einzelne Länder diesem Modell folgen werden.

Chancen auf feste Stellen   Im bundesdeutschen System besonders gefährlich für junge Forscher sind die Kettenvertragsklauseln. Hier werden alle Fristverträge im öffentlichen Dienst zusammengezählt, also die Phasen der Promotion und die der Weiterqualifikation bis zur Habilitation. Nach 12 Jahren ist bundesweit keine weitere Anstellung auf Zeitvertrag möglich. Es bleibt nur noch der Wechsel auf eine Dauerstelle oder ins Ausland.

Bedingt durch die Alterspyramide zum einen und den Stellenabbau in den Geowissenschaften zum anderen, entwickelte sich hier von 1990–2010 ein Flaschenhals wegen mangelnder Dauerstellen. Dies führte zu zahlreichen Karriereknicken und zur Abwanderung hochqualifizierter, teils habilitierter Geologen und Mineralogen in fachfremde Beschäftigungsverhältnisse oder ins Ausland. Nach Überschreiten der fiktiven Altersgrenze von 45 Jahren sind Bewerbungen auf Dauerstellen an Hochschulen weitgehend sinnlos.

Da in den nächsten Jahren aber sehr viele der Dauerstelleninhaber in den Ruhestand gehen werden, steigt im Moment wieder die Chance für junge Absolventen. Dieser Trend dürfte mindestens bis 2020 anhalten. Die Anstellungschancen für junge Wissenschaftler, die einen raschen Studienverlauf, sehr gute Leistungen und ungebrochene Karrieren vorweisen können, sind daher perspektivisch als gut zu bezeichnen. Dies gilt insbesondere in Bereichen mit Praxisbezug. Als Beispiele seien die Ingenieurgeologie oder Hydrogeologie, aber auch technische Mineralogie genannt. Der „Energie-Hunger" der Menschheit führt, den Wellenbewegungen der Öl- und Gaspreise folgend, auch im Erdöl- und Erdgas-Sektor zu erheblichem Personalbedarf. Hier kann, wie in Einzelfällen beobachtet, die Konkurrenz aus der Privatwirtschaft oder anderen Bereichen dazu führen, dass in entsprechend spezialisierten Hochschulinstituten mehr offene Stellen als Kandidaten existieren.

Ständig im Rückgang begriffen sind auch Dauerstellen auf der Ebene der wissenschaftlichen Mitarbeiter. Auf eine Professur entfallen im Durchschnitt deutschlandweit 0,5 derartiger Stellen. Je nach Bundesland werden auch verschiedene Strategien im Status verfolgt. Neben klassischen Angestelltenverhältnissen gibt es Länder, wo noch Beamte auf Zeit oder Lebenszeit eingestellt werden. Die früher weitverbreitete Besoldungsgruppe C1 ist abgeschafft. Im Rahmen der W-Besoldung für Professoren wurde die W1-Juniorprofessur geschaffen.

Die seltene Beschäftigung als „Akademischer Rat" in ihrer Ausformung als Dauerstelle zieht stets besondere Aufgaben nach sich. Entweder werden diese Räte verstärkt in der Lehre eingesetzt und haben dann bis zu 12 Semesterwochenstunden zu erfüllen oder sie übernehmen wichtige Aufgaben in der akademischen Selbstverwaltung (Studienorganisation, Management von Geländekursen, Führung von Institutshaushalten, Personalmanagement und Assistenz in Dekanaten). Ganz vereinzelt finden sich auch noch Stellen als Sammlungskustos oder Museumsleiter.

Das hohe Ziel am Anfang einer Hochschullaufbahn ist die Berufung auf eine Dauerstelle als Professor. Vom gängigen Klischee des unnahbaren, allein herrschenden Ordinarius oder einsam in wilder Landschaft mit Hämmerchen vor sich hin forschenden Sonderlings mit Rauschebart ist in den heutigen Geowissenschaften nichts mehr geblieben. Professoren üben Leitungsfunktionen aus. Zu ihren Aufgaben in Forschung und Lehre sind Management- und Personalführungsaufgaben hinzugekommen. Diese Position erfordert daher besonders hoch begabte, vielseitige und effizient ar-

Berufung

beitende Persönlichkeiten. Der Wunsch, sowohl zeitgemäße Lehre als auch hochkarätige Forschung mit entsprechender Drittmittel-Einwerbung zu leisten, gleicht der Quadratur des Kreises. Überbordende Bürokratie sowie ständige Akquise und unverzichtbares Networking in entsprechenden Verbänden, Verbünden und Gesellschaften ziehen ein sehr hohes Arbeitspensum nach sich.

Potenzielle Bewerber auf eine Professur finden den akademischen Stellenmarkt in ausgewählten Tageszeitungen, im Publikationsorgan des Deutschen Hochschullehrer-Verbandes (DHV) und verstärkt im Internet. Eine Berufungskommission wählt die Kandidaten im Rahmen des Berufungsverfahrens aus. Bis zu 5 Kandidaten werden aus den eingegangenen Bewerbungen ausgewählt und durch externe vergleichende Gutachten evaluiert. Die Evaluierung soll sowohl die Exzellenz in der Forschung, bezogen auf das in der Ausschreibung definierte Fachgebiet, als auch die Eignung in der Lehre zu gleichen Teilen umfassen. Auch hier wird stark auf Forschungsergebnisse und Drittmittelzahlen geachtet. Numerische Leistungsparameter, die arithmetisch oder web-gestützt auf Publikationszahlen abzielen, sind hier im Einsatz (u.a. Citation Index, Hirsch-Faktor). Ein kleiner Kandidaten-Kreis wird dann zu Probevorträgen und zu Diskussionen über zukünftige Forschungsvorhaben sowie didaktische Konzepte eingeladen.

Ergebnis ist meist eine Dreierliste von Kandidaten mit einem Berufungsvorschlag. Nach einem langen Gang durch die Gremien der Universität wird das zuständige Ministerium um die Erteilung des Rufes gebeten. Ist der Ruf ergangen, folgen die Berufungsverhandlungen. Gerade in den Geowissenschaften mit ihrer gewichtigen laborativen und apparativen Ausstattung gestalten sich diese Verhandlungen häufig langwierig. Im Falle einer Einigung nimmt der Kandidat den Ruf an. Vorbehaltlich weiterer hochschulpolitischer Ränkespiele, wie dem Auffinden plötzlicher neuer „Haushaltslöcher", erfolgt dann die Ernennung zum Professor. Derartige Verfahren können bis zu 3 Jahre dauern. Für die Kandidaten, die nicht auf einer Dauerstelle etabliert sind, kann das schwerwiegende finanzielle Folgen haben.

Nun ist es soweit; im Alter von günstigstenfalls 35–40 Jahren kann der begabte und motivierte Geowissenschaftler sich seinen Ideen in Forschung und Lehre widmen. In der Regel erfolgt in Deutschland noch immer die Ernennung zum Beamten auf Lebenszeit. Auch hier gibt es neue Modelle, wie die Berufung in ein Angestelltenverhältnis oder auf eine Professur auf Zeit. Die Besoldung wurde durch Übergang von der C-Besoldung (C2 bis C4) in die W-Besoldung (W1 bis W3) deutlich abgesenkt. Die Kürzung beträgt im Vergleich etwa 25 % (DHV 2010). Den Ausgleich sollen leistungsabhängige Bezüge bilden. Angesichts knapper Kassen werden diese aber so gut wie nie bezahlt. Im Gegensatz zu früher kennt die W-Besoldung keine Dienstaltersstufen. Daher steigt der Unterschied zwischen alter C- und neuer W-Besoldung mit wachsendem Lebensalter. Auch gibt es bei den Gehältern ein deutliches Nord-Süd-Gefälle. Als Beispiel seien folgende Zahlen für Baden-Württemberg genannt (DHV, 2010): Das Endgrundgehalt mit 49 Jahren betrug früher (C4) rd. 7000 € brutto und liegt heute in der Besoldung W3 bei 5300 € (ohne leistungsabhängige Zulagen). Für C3 (alt) gelten Zahlen von 6000 € gegenüber W2 (heute) 4400 €. Neben den leistungsabhängigen Zulagen bilden vor allem Berufungs- oder Bleibeverhandlungen eine zunehmende Rolle für die Steigerung des Gehaltes. Dieser Fall tritt ein, wenn ein weiterer Ruf an eine andere Universität erteilt wird. Bei herausragenden Spitzenkräften ist daher ein häufiger Wechsel des Wohnortes zwecks Karriereförderung berufstypisch.

Obwohl in naher Zukunft reichlich Stellen in Deutschland im Bereich Geologie, Mineralogie und Geophysik an der Hochschule freiwerden dürften, ist angesichts der „Mc-Kinseyierung" der Deutschen Hochschulen eine Hochschulkarriere nur Kandidaten mit starken Nerven zu empfehlen. Auch der finanzielle Anreiz hält sich aufgrund der W-Besoldung in Grenzen.

Forschungseinrichtungen

Der Einstieg in Forschungseinrichtungen gelingt meist über Promotionsstellen. Diese sind fast immer in größeren Verbundprojekten angesiedelt. Die einzelne Dissertation ist auf ein enges Spezialthema zugeschnitten. Das Spektrum geowissenschaftlicher Themen ist insgesamt jedoch äußerst breit und überlapt mit Nachbarwissenschaften. Je nach Ausrichtung der Großforschungseinrichtungen werden Fragen der Geodynamik, Sedimentologie, Strukturgeologie, Mineralogie, Petrologie, Geophysik, Meereswissenschaften, des Klimawandels oder Georisikos untersucht. Es sind aber auch aktuelle angewandte Probleme, wie Endlagertechnik, CO_2-Sequestrierung, Geothermie, Tiefbohrverfahren, Fernerkundung oder 3D-Modellierung wichtige Themen.

In aller Regel werden Laborarbeiten und Messungen an Großgeräten Bestandteil des Berufs sein. Angesichts der Vielfalt physikalischer und chemischer Untersuchungsmethoden und hochkomplexer Technik ist von längeren Einarbeitungszeiten auszugehen.

Einen wichtigen Aspekt geologischer Forschungen stellen Geländearbeiten dar. Diese finden meist im Ausland statt. Gute Sprachkenntnisse, Selbständigkeit sowie hohe Organisationsfähigkeit sind selbstverständliche Voraussetzungen. Sofern die Arbeiten in Teams oder unter beengten Verhältnissen stattfinden wie in Forschungsstationen, Forschungsschiffen, kommen die Bereitschaft zum Verzicht auf Annehmlichkeiten, soziale Kompetenz und Teamfähigkeit als unabdingbare weitere Eigenschaften hinzu.

Sehr kurze Vertragslaufzeiten, Berichtspflichten in kurzen Abständen, ständige Evaluierungen und der Zwang, kurzfristig Ergebnisse zu erzielen, erfordern ein hohes Maß an Einsatzbereitschaft. Gerade in den Forschungszentren wird großer Wert auf rasche Publikation von Ergebnissen in entsprechend angesehenen Zeitschriften mit Rewiew-System gelegt. In fast allen Fällen sind die Stellen maximal als Halbtagsstellen ausfinanziert. Arbeit rund um die Uhr wird jedoch als Standard erwartet. Spitzenforschung in den Geowissenschaften heißt heute:
- Hoher apparativer Aufwand – damit verfügbare Großgeräte mit Anschaffungskosten in Millionenhöhe
- Kombination vieler verschiedener Messverfahren

hohe Einsatzbereitschaft

- Etats für laufende Kosten zur Betrieb der Geräte
- Gut geschultes technisches Personal zur Gewährleistung der Messgenauigkeit und Kontinuität.

Die Kombination aller dieser Faktoren ist heute an den Hochschulen kaum mehr realisierbar. Die Großforschungseinrichtungen können diese Randbedingungen besser gewährleisten, wodurch ihre Dominanz in der Forschungslandschaft begründet wird. Es gilt daher die Empfehlung an junge forschungsbegeisterte Geowissenschaftler, ihren Karriereweg dort hinzulenken.

1.2.8 Information und Kommunikation

(Andreas Günther-Plönes, Lautertal-Eichenrod)

Die Begriffe Information und Kommunikation greifen in viele menschliche Lebensbereiche ein und bedeuten einfach gesprochen „Auskunft" und „Mitteilung / Unterredung" (informare, lat. Auskunft geben; communicare, lat., mitteilen).

Verschiedene spezielle Geisteswissenschaften wie z.B. Philosophie oder Soziologie widmen sich diesen Begriffen, aber auch Medienwissenschaften und die Informatik. Sie haben das Ziel der optimalen Übertragung und Verarbeitung von Informationen.

Die wichtigsten beruflichen Zweige, die sich mit Kommunikation und Information beschäftigen und in denen Geowissenschaftler arbeiten, sind Wissenschaftsjournalismus, Geoinformation, Wissenstransfer und Öffentlichkeitsarbeit. Im Anschluss an diesen Teilartikel sind Internetseiten genannt, die den Einstieg in die Themenbereiche unterstützen sollen. Zusätzlich wird die Nutzung von Internet-Suchmaschinen oder von Enzyklopädien empfohlen.

Wissenschaftsjournalismus

Wissenschaftsjournalisten haben in der Regel ein naturwissenschaftliches Studium absolviert, aber auch Absolventen der Journalistik sind zunehmend in diesem Bereich tätig (GÖPFERT 2006). Ihre Aufgabe ist es, wissenschaftliche Erkenntnisse für ein breites Publikum aufzubereiten und für eine breite Öffentlichkeit verständlich zu publizieren. Themenbereiche der Berichterstattung sind im Wesentlichen Naturwissenschaften, Technik und Medizin.

Volontariat Zum Einstieg in den Wissenschaftsjournalismus ist ein Volontariat bei einer Redaktion (Zeitung, Radio- oder Fernsehsender) unabdingbar, währenddessen das journalistische Handwerk, wie z.B. Recherche und nachrichtengerechtes Formulieren erlernt wird. Es empfiehlt sich, dieses schon während des Studiums in der vorlesungsfreien Zeit durchzuführen, damit schon die nötigen Kontakte zu potenziellen Arbeitgebern geknüpft sind und damit nicht nach dem Studium zu viel Zeit verloren geht. Man muss davon ausgehen, dass, bezogen auf Fernsehjournalismus, eher bei den öffentlich-rechtlichen Sendern Wissenschaftsredaktionen unterhalten werden als bei Privatsendern. Auch wird nicht jede Provinzzeitung Wissenschaftsjournalisten beschäftigen, sondern Artikel zu diesen Themen eher von Agenturen beziehen (GÖPFERT 2006). Aber auch hier kann journalistisches Handwerk erlernt werden.

Zusätzlich besteht auch die Möglichkeit, Wissenschaftsjournalismus als Studienfach zu belegen. Bis 2006 bestand an der Freien Universität Berlin ein Aufbaustudium „Wissenschaftsjournalismus". Es gibt auch Bachelor-Studiengänge z.B. an den Standorten Dortmund und Darmstadt. Das Interesse gegenüber den relativ wenigen Stellen ist üblicherweise sehr groß. Pro Redaktion ist durchschnittlich maximal eine Stelle mit einem Wissenschaftsjournalisten zu besetzen, bei größeren Organen z.B. Frankfurter Allgemeine Zeitung entsprechend mehr. Tendenz der Stellenanzahl: gleich bleibend.

Aufbaustudium

Internetadressen zum Einstieg:
www.wissenschaftsjournalismus.de (Infoseite zu Ausbildung und Praxis)
www.wissenschaftsjournalismus.org (Technische Universität Dortmund)
www.journalismus.h-da.de/wj (Hochschule Darmstadt)

Geoinformation

Geoinformationen (= raumbezogene Informationen) werden überall dort benötigt, wo in Verwaltung und Wirtschaft Planungsleistungen erbracht werden müssen. Sie liefern Daten über die Durchführbarkeit von Baumaßnahmen, ordnen demoskopische Daten Örtlichkeiten zu oder geben Auskunft über die Verkehrssituation. Geodaten unterstützen somit auf vielfältige Art und Weise die Optimierung von Geschäftsprozessen. Die Geoinformationswirtschaft ist somit ein wichtiger Wirtschaftsfaktor (Quelle: Deutscher Dachverband für Geoinformation DDGI e.V.). Geodaten beschreiben Objekte und Gegebenheiten direkt durch räumliche Koordinaten oder indirekt, z.B. durch Adressen. Sie wirken in den Bereichen Raum- und Stadtplanung, Verkehrslenkung, Natur-, Umwelt- und Katastrophenschutz. Bekannteste Beispiele für die Verwertung von Geoinformationen durch Geoinformationssysteme (GIS) sind die Wetterkarte, Navigationsgeräte oder GoogleEarth.

Geoinfomationswirtschaft ist ein wichtiger Wirtschaftsfaktor

In Deutschland trat 2009 das Gesetz über den Zugang zu digitalen Geodaten (GeoZG) in Kraft. Es dient dem Aufbau einer nationalen Geodateninfrastruktur und schafft den rechtlichen Rahmen für den Zugang zu Geodaten und Geodatendiensten. Es regelt auch Nutzung dieser Daten und Dienste, insbesondere für Maßnahmen, die Auswirkungen auf die Umwelt haben können.

Arbeitsplätze für Geowissenschaftler bieten sich vor allem im Bereich des Sammelns relevanter Geodaten und deren Kommunikation, z.B. im Rahmen einer Tätigkeit in der Verwaltung, bei Geologischen Diensten oder wissenschaftlichen Organisationen. Aber auch bei Firmen der freien Wirtschaft, die Geoinformationssysteme nutzen, entwickeln oder vertreiben, können Geowissenschaftler unterkommen. Beispielhaft sind hier Softwareentwicklungsfirmen, Unternehmen aus der Rohstoffindustrie oder Ingenieurbüros zu nennen. Hier gehören vornehmlich die Erstellung und Programmierung von Modellen und deren Vertrieb zu den Arbeitsbereichen.

Wenn Interesse am Bereich GIS vorliegt, ist es sinnvoll, bereits das Studium auf entsprechend auszurichten. Ein Quereinstieg für Fachfremde ist meistens nicht möglich.

Studiengang Geoinformatik

Einige geowissenschaftliche Standorte bieten diese Ausrichtung im Rahmen ihrer Studiengänge an. An der TU Bergakademie Freiberg oder auch an der Universität Rostock kann z.B. „Geoinformatik" studiert werden. Die Hochschule Karlsruhe und die Westfälische Wilhelms-Universität Münster bieten „Geoinformationsmanagement" als kompletten Studiengang mit Bachelor- oder Master-Abschluss an. Absolventen sollen in der Lage sein, Methoden der modernen Informationstechnologien auf Geodaten anzuwenden und die entsprechenden geowissenschaftlichen Modelle mathematisch und numerisch zu entwickeln.

Interessant für Studierende und Absolventen dieser Fachrichtung ist, dass seitens der im DDGI organisierten Verbände hier zunehmend ein Ingenieur- und Fachkräftemangel beobachtet wird (STICHLING 2009). Der Bedarf an Arbeitskräften dürfte in den nächsten Jahren noch wachsen. Tendenz der Stellenanzahl: weiter steigend.

Internetadressen zum Einstieg:
www.ddgi.de (Deutscher Dachverband für Geoinformation)
www.tu-freiberg.de/~gi (Studiengang Geoinformatik an der TU Bergakademie Freiberg)

Öffentlichkeitsarbeit

Ein weiteres Berufsfeld aus dem Bereich der Kommunikation ist die Öffentlichkeitsarbeit, auch Kommunikations-Management genannt. Ziel der Öffentlichkeitsarbeit ist es, den Kontakt zwischen einem Auftrag- oder Arbeitgeber und einer Zielgruppe (z.B. Käufer, Wähler, Interessentengruppen) herzustellen, zu festigen oder auszubauen. So soll ein positives Image bzw. eine gute Reputation gegenüber dem Interessenten geschaffen sowie der Bekanntheitsgrad erhöht werden. Als Kommunikationsinstrumente werden hierzu z.B. Pressearbeit, Medienbeobachtung, Veranstaltungsorganisation oder Mediengestaltung genutzt. Wichtig sind auch die Auswertungen der Aktivitäten und deren Ergebnisse, aus denen Strategien für das weitere Vorgehen entwickelt werden.

Das Berufsfeld umfasst die Arbeit in PR-Abteilungen und PR-Agenturen für die Bereiche Ökonomie, Politik und Gesellschaft. Hierzu gehört auch der Beruf des Pressesprechers.

Die Ausbildung erfolgt über ein kommunikationswissenschaftliches oder journalistisches Studium, z.B. an der freien Universität Berlin oder der Universität Leipzig (jeweils Lehrstuhl für Öffentlichkeitsarbeit). An der FU Berlin ist ein postgradualer Studiengang mit dem Titel „European Master's Degree in Public Relations" eingerichtet.

Anstellungen im Bereich Öffentlichkeitsarbeit finden Geowissenschaftler eher in Institutionen, die auch direkt mit Natur- oder Geowissenschaften zu tun haben, wie z.B. Forschungsinstituten oder Firmen im Rohstoffbereich. In der Regel ist pro Institution nicht mehr als eine Arbeitsstelle im Bereich Öffentlichkeitsarbeit zu besetzen. Tendenz der Stellenanzahl: gleich bleibend.

Internetadressen zum Einstieg:
www.dprg.de (Deutsche Public Relations Gesellschaft e.V.)

Wissenstransfer

Als Wissens- oder Wissenschaftstransfer bezeichnet man die Übertragung aktueller wissenschaftlicher Ergebnisse auf die praktische Anwendung in der freien Wirtschaft. Die besondere wirtschaftliche Bedeutung besteht darin, dass die Innovationsgeschwindigkeit beschleunigt und das Innovationspotenzial der Unternehmen gesteigert wird. Wichtig ist dabei die Zusammenarbeit aller am Prozess Beteiligten, also Forschungseinrichtungen, Hochschulen, Wirtschaftsunternehmen und Förderungseinrichtungen, wie z.B. die Hessenagentur (nicht-monetäre Förderung) und gegebenenfalls Dienstleistungsagenturen, die Unterstützung auf dem Gebiet des Informationsmanagements leisten.

Arbeitsmöglichkeiten für Geowissenschaftlern gibt es sowohl bei Hochschulen und Forschungseinrichtungen (s. auch Kapitel 1.3.4), bei den Förderagenturen, den Dienstleistungsunternehmen und auch in den Behörden. Hier sollte auf jeden Fall technisches Verständnis (möglichst Berufserfahrung), Erfahrung in der Projektleitung und Verhandlungsgeschick im Umgang mit Vertretern aus Hochschulen, Wirtschaft oder/und Verwaltung vorhanden sein. Erste Kontakte sollten durch Praktika geknüpft werden.

Tendenz der Stellenanzahl: gleich bleibend bis leicht steigend.

Internetadressen zum Einstieg:
www.hessen.de; Menü: Bildung & Wissenschaft/Forschung/Wissenstransfer (Hessisches Ministerium für Landwirtschaft, Umwelt und Verkehr)
www.hessenagentur.de

Literatur

GÜNTER BENTELE, ROMY FRÖHLICH, PETER SZYSZKA (HRSG.): Handbuch der Public Relations. Wissenschaftliche Grundlagen und berufliches Handeln. VS Verlag für Sozialwissenschaften, Wiesbaden 2008.

WINFRIED GÖPFERT (HRSG.), Wissenschaftsjournalismus. Ein Handbuch für Ausbildung und Praxis. 5. Auflage. Econ, Berlin 2006.

ANDREAS GÜNTHER-PLÖNES, Was hat GIS mit Fußball zu tun? Das INTERGEO-Presse-Event 30.06.2006, GMIT 25, 2006.

UDO STICHLING, INTERGEO 2009 – Eine Nachlese des DDGI e.V., Pressemitteilung 16.10.2009.

1.2.9 Geotourismus

Geoparks und Geotourismus

(Marie-Luise Frey, Messel)

Definition des Begriffes „Geotourismus"

Der Begriff „Geotourismus" wurde Anfang der 1990er Jahre (HOSE 1992) eingeführt. Er wird seit 2000 im Zusammenhang mit der Vermarktung europäischer Geopfade wie auch von Geoparks zwecks touristischer Nutzung verwendet.

Was ist „Geotourismus"? Die Tätigkeitsfelder und bisherigen Erfahrungen ergeben die Definition: „Geotourismus ist eine Fachdisziplin der Angewandten Geowissenschaften. Sein Ziel ist die Bewusstmachung, die Kommunikation, die Vermittlung und der Transfer erdwissenschaftlicher Themen und ihrer Bedeutung an eine breite Öffentlichkeit. Dies geschieht durch Geo-Infrastrukturen und Angebote. Sie schaffen einen nachhaltigen Benefit für die Gesellschaft. Grundlage des Geotourismus sind wissenschaftliche Forschungsergebnisse, die Sicherung und Inwertsetzung von Geotopen unter Einsatz von Instrumenten und Medien der touristischen Vermarktung mit quantitativer Daten-Erfassung und -Auswertung. Dabei wird die naturgegebene Geo-Identität im Menschen wiederbelebt."

Was verbirgt sich im Detail hinter „Geotourismus"? Das neue Arbeitsfeld ist nicht von einer Person allein etabliert worden oder hat nur einen Weg, der in die Zukunft führt. Neben den rein fachlichen Aspekten erfordert es ein Zusammenspiel von Herausforderung, Begeisterungsfähigkeit, sorgfältiger Arbeit, Disziplin, Klugheit, Erkennen, Nutzen vielfältiger Chancen und insbesondere Kommunikation mit Entscheidungsträgern aus Politik, Wirtschaft und Wissenschaft zum Wohle der Gemeinschaft und für nachfolgende Generationen.

Tätigkeitsbereiche, Kompetenzerfordernisse und Fortbildung

Beispiel Die Tätigkeitsfelder erfordern die Verzahnung von persönlichen Kompetenzen mit Fachwissen und die Bereitschaft zu lebenslangem Lernen. Am Beispiel des Projekts – Entwicklung und Aufbau eines Geo-Pfades – werden im Folgenden Tätigkeitsfelder vorgestellt. Für eine erfolgreiche Realisierung eines geotouristischen Projekts bilden etwa die nachfolgend genannten Arbeitsbereiche eine erforderliche Basis:

- Entwicklung eines fachlich-inhaltlichen Konzepts, Abstimmung des Projektziels mit dem Auftraggeber – also z.B. der Gemeinde oder der Tourismus-Einrichtung – mit möglichst klarer Definition des Erwartungshorizonts;
- Definition – Beschaffung/Abfrage der zur Verfügung stehenden Finanzmittel; ggf. hat der/die Bearbeiter/in eine Budget-Schätzung mit allen Posten zu erstellen, die für die Projekt-Realisierung wie z.B. die Einrichtung eines Geopfades anfallen bis hin zur Zeitdauer des Projekts wie auch Klärung und Einholung von Genehmigungen beteiligter Natur-

schutz- oder anderer Behörden, Erstellung von Projektabwicklungsplänen, Einholung von Angeboten für Schautafeln, Rahmen, Pflegeplan nach Montage usf.;
- Aufbereitung geowissenschaftlicher Themen für touristische Angebote wie Führungen durch ein Gelände oder zu besonderen Standorten, z.B. mit Aufschlüssen, Ausarbeitung von Routen im Gelände unter Einbeziehung von Folgeangeboten;

Gemäß der Philosophie des Geotourismus im Europäischen und Globalen Geoparks-Netzwerk sind es keine „Fossilien-Sammelexkursionen", sondern Angebote zum Verständnis geowissenschaftlicher Themen und zu deren Werterhöhung in der Gesellschaft.

Geotouristische Folgeangebote sind: Entwicklung von Themen-Führungen oder für verschiedene Zielgruppen etc. Erstellen von Texten und Vorlagen für Erläuterungstafeln, in Zusammenarbeit mit Graphik-Designern mit anschließender Produktionslogistik;
- Erarbeitung unterstützenden Unterrichtsmaterials oder – in Abstimmung mit Touristikern – Erarbeitung von Werbe-Broschüren; Erstellung von Angebots-Kalkulationen für Touren;
- Ausbildung von Exkursionsleitern;
- Kaufmännischer Bereich mit der Erstellung von Kalkulationen für Tourenangebote, Honorare, Service am Counter, Artikelverkauf usf.;
- Text- und Vorlagen-Erstellung für touristische Touren-Konzepte/Angebote und/oder zur Einarbeitung in Werbemedien, Foto-Beschaffung, Verhandlung mit Auftragnehmern usf.;
- Öffentlichkeitsarbeit mit interner & externer Kommunikation des Projektfortschritts; Präsentation der Ergebnisse oder von Teilen des Projekts vor Gremien, für Medien oder auf touristischen Messen.

Mancher mag nach dieser Auflistung überrascht sein, da für ihn die „GEO-Themen" als solche im Vordergrund stehen. Im geotouristischen Tätigkeitsfeld sind kaufmännische, organisatorische und verwaltungstechnische Aufgaben die Grundlage für den Erfolg der fachwissenschaftlich hochwertigen Inhalte. Ihre Bedeutung frühzeitig zu erkennen und sich darin weiterzubilden, erhöht die Kompetenz und Chancen für Absolventen auf diesem Markt.

Am ersten deutschen UNESCO-Weltnaturerbe, der Grube Messel, ist diese Herausforderung angenommen worden. Bevor die Infrastruktur eines Besucher-Zentrums existierte, ist das Ziel dafür definiert worden. Daraus haben sich notwendige, strukturelle Erfordernisse und Maßnahmen ergeben. Diese Aspekte sind Teil der „nachhaltigen touristischen Inwert-Setzung der Region". Dieses Tätigkeitsfeld bedingt direkte Finanzflüsse, die aus dem Geo-Objekt stammen, wie dies etwa im Rohstoff-Sektor der Fall ist: Das abgebaute Erz wird abgebaut, gewogen, bezahlt und führt direkt zum finanziellen Umsatz für das Unternehmen oder bringt der Kommune Zugewinn. Hier handelt es sich um Dienstleistungen mit „Man-/Women-Power" (bei Führungen) oder um Aktivitäten, die in Verbindung stehen mit sogenannten Leistungsträgern wie Hotelbetrieben oder Veranstaltern. Sie locken Gäste an und liefern dem Veranstalter wie auch der Region einen finanziellen Ausgleich für diese Leistungen.

nachhaltige sozio-ökonomische Regionalentwicklung

Eine Kette monetär Beteiligter partizipiert am Rückfluss der Geldausgaben der Gäste.

Die oben genannten Aspekte sind für eine erfolgreiche Arbeit im Geotourismus im Grundsatz wichtig. Kommunen finanzieren jeweils mit hohen Eigenanteilen mit. Alle politisch verantwortlichen Gremien haben ein großes Interesse an ihrem Erfolg. Sie zeigen dem Steuerzahler den positiven Einsatz ihres Steuergeldes.

In vielen Fällen sind bislang Finanzierungen für geotouristische Projekte sowohl von der Europäischen Union, Ländern und Kommunen als auch über den Tourismus erbracht worden. Hierbei stehen z.T. andere Interessen und Ziele im Vordergrund. Diese sind häufig für den Geowissenschaftler nicht gleich erkennbar, da er diese „Welten" nicht oder nur ungenügend kennt. Termini, die er verwendet, sind zwar die gleichen, doch was sich dahinter verbirgt, ist zumeist eine komplett andere Weltanschauung. Kommunikationswege sind also zu finden, um einander richtig zu verstehen. Das Ziel ist es dabei, Geothemen für die Gesellschaft so aufzuarbeiten und zu präsentieren, dass zum einen, neue, zusätzliche und zufriedene Gäste, die auch wiederkehren, für die Region gewonnen werden. Zum anderen soll langfristig eine regionale Zusammenarbeit aufgebaut werden (FREY 2006). Junge Kollegen erhalten eine neue Perspektive, ein neues Berufsfeld (Abb. 7).

Qualifikation

Die fachliche Qualifikation der Geowissenschaftler ist dabei eine Selbstverständlichkeit für die Arbeit- und Auftraggeber. Die Folgenden sind neue Tätigkeitsbereiche:

- geotouristisch-wissenschaftliche Dienstleistungen durch direkten Kontakt zum Gast bei Führungen,
- geotouristischer Service: Vermarktung – Verkauf & Vertrieb – Öffentlichkeitsarbeit,
- geotouristische Logistik: ökonomisch-koordinatorische Dienstleistungen wie auch im Personal-Planungsbereich des Tätigkeitsfeldes „Führungen",
- geotouristisches Management: Projekt-Konzipierung und -Realisierung von „Geo-Erlebnissen im weitesten Sinne".

Dienstleistungen im Geotourismus erfordern Änderungen in der Nachwuchsausbildung. Die Anforderungen der sogenannten „soft-skills" sind im Arbeitsalltag des Geotourismus Basis der Arbeit. Es wird erwartet, dass Anforderungen aus Ökonomie, Kommunikation, Politik nicht nur vom Begriff her bekannt sind. Die Beherrschung grundlegender – z.B. kaufmännischer, politischer oder organisatorischer – Abläufe und die Akzeptanz ihrer Bedeutung sind unabdingbar dafür, dass Geowissenschaftler überhaupt Einsatz finden. Wie in den Tätigkeitsfeldern der Rohstoffwirtschaft, der Ingenieur- und Hydrogeologie oder im Umweltbereich sind sie Bestandteil der täglichen Auftragsakquise und Arbeit. Aktuell finden diese Anforderungen bei der allgemeinen geowissenschaftlichen Ausbildung kaum Beachtung – abgesehen von einigen Ansätzen.

Etwa bietet seit einigen Jahren das Institut für Geowissenschaften an der Universität Jena regelmäßig Schulen die Möglichkeit, über „Schüler/Lehrer-Projekttage" oder „Rent a Prof" geowissenschaftliche Themen und Ar-

Berufsfelder in den Geowissenschaften

Abb. 7: a Eingangsbereich des Besucher-Zentrums der UNESCO-Weltnaturerbestätte Grube Messel. b Geotouristische Führung in der Grube Messel.

beit kennenzulernen. Die TU Darmstadt bietet Einführungskurse in das Thema „Öffentlichkeitsarbeit", der BDG Berufsverband Deutscher Geowissenschaftler bietet Fortbildungskurse. In Großbritannien gibt es, ausgehend vom Imperial College London, bereits seit Jahren bei „First Steps Ltd." Kurse für junge Absolventen. Sie bieten Absolventen an, parallel zum Be-

Abb. 8: Seminarteilnehmer 2009 am Intensive Course des Lesvos Petrified Forest, Griechenland.

rufseinstieg in Kursen berufsunterstützende Kenntnisse zu erwerben, so dass sie z.B. Bohrungen beaufsichtigen können.

In Geoparks, z.B. Geopark Bergstraße-Odenwald, werden Kurse angeboten für eine Ranger- oder „Führer vor Ort"-Ausbildung (ECKHARDT 2009). Der „Petrified Forest Lesvos Geopark" in Griechenland bietet jährlich einen „UNESCO-Intensive Course Geotourismus" an (ZOUROS 2007, 2008, 2009) (Abb. 8).

Eine Verknüpfung von Unterricht an Hochschulen und Universitäten mit solchen Aktivitäten böte deutschen Studierenden die Chance, das neue Arbeitsfeld kennenzulernen.

In diesem Berufsfeld wird das Image der Geowissenschaften der Öffentlichkeit hervorragend positioniert. Das Interesse der Öffentlichkeit – z.B. für Exkursionen in die Grube Messel – ist stark gestiegen durch aktive Vermarktung. Zwischen 2004 und 2009 haben mehr als 100000 Besucher an geführten Exkursionen in die Grube teilgenommen; seit 2007 sind es jährlich über 20000 Personen (FREY in Vorb. 2009)! Über die geotouristischen Aktivitäten der „Welterbe Grube Messel GmbH" werden diese Angebote der Öffentlichkeit bekannt gemacht. Im 2003 umfirmierten Unternehmen, aus einer 100 %-igen „Landesverwaltungsgesellschaft mbH", in eine gemeinnützige GmbH, arbeiten mittlerweile fünf Vollzeit-Geowissenschaftler in den Bereichen „Kunden-Service", „Kunden-Beratung", „Marketing", „Veranstaltungen", „Vertrieb", „Touren-Buchung", „Geotouristisch-wissenschaftliche Führungen" und „kaufmännische Organisation". Die Arbeit erfordert insbesondere soziale, kaufmännische und fachliche Kompetenzen.

Team- und Anpassungsfähigkeit sowie Freude am Umgang mit Menschen und der Erbringung einer Dienstleistung sind grundlegende Eigenschaften im Profil der hier erfolgreich Tätigen.

Geo-Studienreiseleiter, Lektoren im Geo-Infotainment-Kontext

(Jörg J. Rieche, Bad Honnef)

Zwischen 1970 und 2000 wurden an deutschen Hochschulen weit mehr Geologen ausgebildet, als der Geo-Markt benötigte. Im Inland waren viele Geologen trotz neuer Betätigungsfelder, insbesondere im Umwelt-Bereich (z.B. bei Deponiensuche), bei Verlagen oder in der Archäogeologie deshalb gezwungen, auch in fachnahen oder fachfremden Disziplinen Anstellungen zu suchen: als Meteorologen bei der Bundeswehr, in der Verwaltung von Volkshochschulen, in Schulen oder Behörden – um nur einige dieser Chancen zu nennen. Ihre breite naturwissenschaftliche Grundausbildung erleichtert eine solche Abwanderung.

Man findet daher auch Kollegen im Studienreise-Sektor oder in der Reisebranche. Diese Entwicklung wirkt sich eindeutig auch auf den Reiseleitermarkt aus – und damit auf den der Vortragskünstler bis hin zum heutigen Geo-Infotainment einschließlich der Anlage von Geopfaden und Geoparks. Exkursionen zur Fossilien-Suche, die ein oder mehrere Tage dauern und auch ins Ausland gehen können, werden mehr und mehr angeboten. Hier ist jedoch anzumerken, dass nicht allein junge Hochschulabsolventen aus Not diesen Geotourismus-Berufsweg wählen, sondern auch Kollegen, die bereits in Lohn und Brot stehen, wie z.B. fest angestellte Hochschulprofessoren und andere Experten, die mit einem Zusatzeinkommen ohne jede Sozialversicherungspflicht Reisen leiten.

Kompetenzen des Studien-Reiseleiters sowie Lektors

Da im Tourismus-Sektor recht häufig auch Angebote für Geologen zu finden sind, gehe ich an dieser Stelle ausdrücklich auf die Funktionen des Schiffslektors sowie des Studien-Reiseleiters ein. Beide Leistungsspektren ähneln sich.

Der Begriff „Lektor" hat hier nichts mit dem Verlagswesen zu tun. Er ist vom angelsächsischen Terminus „Lecturer" abgeleitet: Man referiert an Bord eines Schiffes fesselnd und nachhaltig über sein Fachgebiet – in unserer Disziplin folglich u.a. über Vulkanismus, Erdbeben oder alles in allem über Plattentektonik, über Verwitterungsprozesse, Dünenbildung oder Klima-Entwicklung. Hält man sich in polaren Regionen auf, kommen spezifische Themen wie „Eis", „Gletscher", „Eiszeiten" etc. hinzu. Mit anderen Worten: Die Themen variieren mit dem jeweiligen Fahrtgebiet; denn sie sind ihm zugeordnet.

Lektor

Um kurz im arktischen Raum zu verweilen: Dort sind auch kleinere Schiffe mit 40 oder 60 Passagieren unterwegs, die dann mit ihren kleinen bordeigenen Schlauchbooten (Zodiaks) bis zu drei oder gar vier Anlandungen pro Tag absolvieren können. Diese meist hochpreisigen Fahrten nehmen wegen ihres kaum bis ins Einzelne vorhersehbaren Ablaufs häufig Expeditionscharakter an. Das bedeutet, dass der Lektor bei solchen Reisen „ohne Schlips und Kragen" auch die Rolle eines Zodiak-Fahrers sowie die eines Eisbären-Wächters mit Repetierbüchse auf dem Rücken wahrnehmen kann. Daraus ist bereits ersichtlich, dass der Lektor ungemein flexibel und auf ganz unterschiedlichen Gebieten einsetzbar sein muss, die von seinem eigentlichen Fachgebiet weit entfernt sein können. Ein weiteres Beispiel für auf solchen Exkursionen geforderte Fertigkeiten und Fähigkeiten: Im ausgedehnten Kamtschatka-Umfeld der Kurilen und Aleuten, in dem man besonders intensiv vom meist stark dunstigen Wetter abhängig ist, habe ich es nicht nur einmal erlebt, dass die Passagiere wegen aufziehenden Nebels durch die Sirene vorzeitig zum Schiff zurückgerufen werden mussten. Mit Hilfe ihrer GPS-Geräte brachten sämtliche Lektoren in dichtem Nebel ihre Passagiere jeweils heil und punktgenau zum Schiff zurück.

Antarktis   In der Antarktis können bis zu sechs unterschiedliche Disziplinen gleichzeitig auf dem Kreuzfahrtschiff vertreten sein. Gerade hier sind ganz bestimmte und zugleich strenge Auflagen von Crew und Passagieren zu befolgen. Den Naturwissenschaftlern obliegt zudem die Aufgabe, die Einhaltung dieser Bestimmungen sicherzustellen. Neben ihrer Informationspflicht für die Gäste haben sie dafür Sorge zu tragen, dass kein Müll zurückbleibt oder Mindestabstände zu Pinguin und Robbe gewahrt bleiben.

Geologen mit ihrer breiten und fundierten naturwissenschaftlichen Ausbildung werden von Reedereien bei amerikanischen Expeditionen häufig gern als „Naturalists" eingesetzt. An Land können sie dann aus dem Stegreif nicht allein über geologische Gegebenheiten referieren, sondern gleichzeitig auch über botanische oder zoologische Zusammenhänge. Manches Mal geschieht die Unterrichtung der Passagiere auch ad hoc über das Mikrophon auf der Brücke (z.B. beim Durchfahren eines Fjordes) oder von Deck aus (um z.B. unterschiedliche Eis-Varietäten vorzustellen).

klassische Reise-Gebiete   Geht es um klassische Fahrtgebiete wie das Mittelmeer, die Ostsee oder Skandinavien, dann werden Landausflüge zumeist von einheimischen Reiseleitern erledigt. Der Lektor hält sich zurück, hat die Gäste jedoch in aller Regel zuvor bereits über die unterschiedlichen Möglichkeiten, die sich ihnen dort bieten, unterrichtet. Diese Information sollte generell ohne jede Belehrung geschehen, auch historische Zusammenhänge und Querverbindungen sollten sichtbar gemacht werden, und schließlich sollten die Vorträge des Bordexperten überdies zum Meinungsaustausch ermuntern. Auch dafür sollte er bereit sein – beiläufig an der Reling oder auch am Tisch des Gastes. Ich habe es mehrfach erlebt, dass eine Diskussion auch noch nach Abschluss der Reise auf brieflichem oder telefonischem Wege weiterlief.

Hauptberufliche Erfordernisse   Will man sich im Geotourismus hauptberuflich engagieren, dann sind folgende Fähigkeiten und Fertigkeiten unumgänglich. Man muss routiniert, krisensicher, belastbar und darf nicht an einen bestimmten Lebensstandard gebunden sein. Man ist fachlich sowie gruppendynamisch erfahren, hat ein breites Spektrum an Länder-Kenntnissen, kann sich rasch in eine neue Destination einarbeiten und ist flexibel einsetzbar.

Alle diese unterschiedlichen Fertigkeiten eines Lektors können tatsächlich mit ein Grund für eine Buchung sein. Das ist beim Studien-Reiseleiter noch mehr der Fall. Hier können sich regelrechte Fan-Gemeinden um einen RL scharen. So ist sofort verständlich, dass von den Fähigkeiten gerade des Reiseleiters bis zu einem gewissen Grade das Gelingen einer Studienreise abhängt. Laut Gerichtsurteil erwirtschaftet der RL ~10 % vom Reise-Umsatz.

In jedem Falle ist neben einer fundierten fachlichen Ausbildung mit guten Fremdsprachenkenntnissen eine ausgezeichnete Allgemeinbildung unerlässlich; denn so manches Mal stellen Reisegäste Fragen, die weit über das eigene Fachgebiet hinausgehen, weil sie gerade einmal dies oder jenes gehört oder gelesen haben und mehr darüber wissen möchten. Weitere nicht zu unterschätzende Merkmale eines guten Lektors sind folgende: tadelloses Auftreten, organisatorisches Geschick, Lust am Neuen gepaart mit ansteckender Begeisterung und starkes Anpassungsvermögen im Umgang mit den Gästen. Alle Eigenschaften gehören zu seinen Kernkompetenzen. *[erforderliche Kompetenzen]*

Das sind fast schon die Kompetenzen eines Allroundgenies! Insbesondere für den Reiseleiter kommt noch einiges hinzu, da er – im Gegensatz zum Lektor – auf sich allein gestellt ist. Er sollte zusätzlich neugierig auf Menschen sein, kontaktfähig und entscheidungsfreudig, ein witziger Plauderer und smarter Entertainer, Seelentröster und Kontaktstelle mit sozialer Kompetenz. Hinzu kommt ein besonders psychologisches Feingefühl für unterschiedliche Teilnehmer. Menschenkenntnis ist unabdingbar. Immer wieder tauchen überraschende Situationen auf, auf die er ad hoc adäquat reagieren muss. Der souveräne Reiseleiter wie auch der Lektor hat offensichtlich der zu sein, der alles weiß und kann. Allerdings sollte er keine wandernde Enzyklopädie sein, sondern eine Persönlichkeit, zu der der Gast aufschauen kann.

Eines sollte er bei allem jedoch nicht vergessen. Mag er als Reiseleiter im selben Hotel oder als Lektor im Passagierbereich des Schiffes untergebracht sein: er ist und bleibt wie die gesamte Crew immer ein souveräner Dienstleister auf herausragendem Niveau. *[Dienstleister des Gastes]*

Arbeitsrechtliches und Soziales

Bietet man nicht selbst als Reise-Unternehmer z.B. Reisen an, die man selbst plant, organisiert und durchführt, sondern verdingt sich als Studien-Reiseleiter oder Schiffslektor auf freiberuflicher Basis, so erhält man für jeden Einsatz einen eigenen Vertrag. Diese lauten dann z.B. „Freier Mitarbeiter-Vertrag für Lektoren", „Künstler-" oder „Engagement-Vertrag" oder einfach „Auftrag" oder „Letter of Understanding" oder „Employment Agreement". *[freiberufliche Honorarkraft]*

Freiberufler sind zumeist gezwungen, sich selbst gegen Krankheit im Ausland und allen damit zusammenhängenden Gefahren zu versichern. Reisekosten werden jedoch übernommen, Kost und Logis auf dem Schiff ebenso. Als Reiseleiter sowie als Lektor auf einem Schiff der höheren Preisklasse erhält man ein jeweils zu verhandelndes Tageshonorar und, bei längeren Reisen von mehreren Wochen, evtl. noch ein Wäschegeld. Auf Schiffen der Touristen-Klasse wird häufig kein Honorar gezahlt; man kann dann jedoch noch eine 2. Person ohne oder gegen einen geringen täglichen Aufpreis mitnehmen, weil man ohnehin gewöhnlich in einer Doppelkabine untergebracht ist. Auf kleineren Schiffen wird man jedoch so manches Mal im Crew-Bereich einquartiert. *[Vertragsinhalte] unzureichende soziale Absicherung*

In Deutschland ist es nur sehr wenigen Studien-Reiseleitern oder Lektoren möglich, als hauptangestellte Kraft oder als selbständiger Unternehmer ein für Akademiker mit Zusatzqualifikation angemessenes Einkommen und eine bei Arbeitnehmern längst übliche soziale Sicherheit zu erreichen. Die zumeist recht bescheidene Höhe der Vergütungen sowie die immer wieder unterbrochene Beschäftigung lassen zudem praktisch keine eigenverantwortliche soziale Absicherung zu, wie sie sich ein freier Unternehmer durch Rücklagenbildung oder freiwillige Versicherung verschaffen kann.

Die meisten Veranstalter zahlen für ihre Reiseleiter keine Beiträge in die Kranken-, Renten- und Arbeitslosen-Versicherung ein. Das macht Studenten und anderweitig angestellten Personen nichts aus, da sie ja bereits versichert sind. Ungünstig ist dies lediglich für Kräfte, die ihre Einkommen hauptsächlich oder überwiegend aus der Reiseleiter-Tätigkeit beziehen. Sie müssen zumindest den Arbeitnehmeranteil an der Renten- und Krankenversicherung aus den Honoraren selbst bestreiten, die damit auf ein schwer zu akzeptierendes Minimum zusammenschmelzen. Sogar die beim Branchenführer Studiosus langfristig fest angestellten Arbeitskräfte haben überwiegend keinen Kündigungsschutz. Die meisten arbeiten maximal 11 Monate/Jahr und die restliche Zeit bezahlt, das ist wohl die Regel, die Bundesagentur für Arbeit.

Noch mehr Stückwerk ist die soziale Absicherung bei den Freiberuflern, die auf Honorarbasis arbeiten. Sie ist meist ein Flickenteppich aus unzusammenhängenden Bruchstücken, die kaum als vollwertige Vorsorge gewertet werden kann. Ihr hoher Standard, der in Deutschland erkämpft wurde, geht an dieser Berufsgruppe weitgehend vorbei. Insofern ist für grundsätzlich freiberuflich tätige Geologen mit unzusammenhängenden Kurzzeit-Einsätzen generell eine temporäre, nebenberufliche Mitarbeit bei Reiseunternehmen lediglich als „Lückenfüller" zu befürworten.

Fazit

Machen wir uns nichts vor: Als Freiberufler oder als befristet Angestellter im Tourismus-Gewerbe besitzt man oft Einkommensverhältnisse wie bei ungelernten Kräften. Man sollte sich deshalb genau überlegen, ob man sich vorübergehend oder längerfristig in einem so schwierigen Berufsfeld wie dem Tourismus-Sektor wirklich eine bleibende Existenz aufbauen kann und will – wobei die grundsätzliche Zukunft dieses Sektors, heute eher denn je, in den Sternen zu finden ist …

Literatur

Eckhard, C. (2009): On-site Ranger education training in the Bergstraße-Odenwald Geopark. – Proceed. 9th European Geoparks Conference, Naturtejo, Spain, September 2009.

Hose, T. (1992): Geotourism, or can tourists become casual rockhounds? – p. 207–228. In (Eds): Bennett, M.R., Doyle, P., Larwood, J.G. & C.D.

Zouros, N. (2007): Geopark Management and Geotourism. – Intensive Course Lesvos, Greece, 25.–29. September 2007, Under the Auspices of UNESCO.

Zouros, N. (2008): Geopark Management and Geotourism. – Intensive Course Lesvos, Greece, 25.–29. September 2007, Under the Auspices of UNESCO.

Zouros, N. (2009): Geopark Management and Geotourism. – Intensive Course Lesvos, Greece, 25.–29. September 2007, Under the Auspices of UNESCO.

1.2.10 Geophysik

(Hellfried Petzold, Potsdam, und Karsten Baumann, Storkow)

Die Geophysik ist ein eigenständiges Fachgebiet im Rahmen der geowissenschaftlichen Forschungen und Untersuchungen. Die geophysikalischen Untersuchungen sind sehr eng mit den geowissenschaftlichen Fachgebieten Geologie, Hydrologie, Geotechnik, Bergbautechnik, Umwelttechnik und anderen verbunden. Aufgabenstellungen und Ergebnisinterpretationen werden durch diese Bereiche wesentlich bestimmt. Die Geophysik steht je nach Projektzielstellung in der Regel am Anfang von geologischen Untersuchungen und führt zur Optimierung der weiteren Bohrerkundung, flächenhaften Bewertung geotechnischen Situationen einschließlich spezieller Monitoring-Aufgaben. Dabei werden physikalische Messprinzipien genutzt, um linienhafte oder räumliche Aussagen zum Untersuchungsobjekt zu erhalten.

Vorteile der Geophysik sind die zerstörungsfreie und kostengünstige, in der Regel auch schnelle Durchführung der Feldmessarbeiten. Nachteile sind indirekte und zum Teil mehrdeutige Aussagen, welche mit Bohrungen, geologischen Vorinformationen und gezielten Modellierungen verifiziert werden müssen. Störeinflüsse von technischen Anlagen und globalen Ereignisse können die Durchführbarkeit und Auswertung der Daten erschweren und z.T. unmöglich machen. Die Nutzung geophysikalischer Verfahren führt zur Erhöhung der Aussagesicherheit des geologischen oder geotechnischen Gesamtergebnisses, da durch die linien- und flächenhaften Messungen alle Störungen und Inhomogenitäten im Untersuchungsobjekt erfasst werden. Damit wird das Risiko von unerwünschten Ereignissen in der Geotechnik, im Baugrund, in der Wasserwirtschaft und ähnlichen sensiblen Bereichen wesentlich minimiert.

Vorteile der Geophysik

In der Forschung und der Dienstleistungsarbeit für die Wirtschaft unterscheidet man drei große Einsatzbereiche:
- Aerogeophysik: Messungen über dem Erdboden mit Hilfe von Fluggeräten.
- Oberflächengeophysik: Messungen auf der Erdoberfläche.
- Marine Geophysik: Messungen auf Gewässern (Kanäle, Seen oder Off-Shore)
- Bohrlochgeophysik: Messungen in Bohrungen.

Oberflächengeophysik

Die einzelnen Messverfahren können hier nicht erläutert werden. Wesentlich für einen erfolgreichen und effektiven Einsatz ist die Kenntnis der Möglichkeiten und Grenzen jedes Verfahrens. Obwohl es für Haupteinsatzgebiete, wie die Rohstofferkundung, Baugrunduntersuchungen, Tunnelbau jahrzehntelange Erfahrungen der Geophysikfirmen und Forschungseinrichtungen gibt, ist es immer notwendig, das Messverfahren und die zu verwendenden Messparameter an die jeweiligen örtlichen Bedingungen

Einsatzbereiche von Geowissenschaftlern

anzupassen. Hierzu sind gute theoretische und methodische Kenntnisse sowie umfangreiche praktische Erfahrungen notwendig. Haupteinsatzbereiche der Aero- und Oberflächengeophysik sind:
- Geologische Erkundung und Kartierung von Regionen
- Rohstofferkundung: Erdöl/Erdgas, Kohle, Erze, Salz, Kies usw.
- Geotechnische Vorerkundung für Tunnelbau, Dämme, Straßen, Bahntrassen
- Geotechnische Erkundung und Monitoring im Bergbau (Tagebau und Tiefbau)
- Baugrunderkundung jeglicher Art: Bodenarten, Hohlräume (Abb. 9, 10 und 12), Leitungstrassen-Erkundung, Altfundamente usw.
- Wassererkundung
- Untersuchung von Bauwerken: Brücken, Straßen, Bahnanlagen, Deiche (Abb. 11)
- Altlastenuntersuchungen
- Munitionssuche
- Archäologische Untersuchungen.

Dementsprechend sind die Einsatzgebiete für Geophysiker sehr vielschichtig. Sie erfordern ein hohes geophysikalisches Fachwissen und vor allem geowissenschaftliche Kenntnisse für eine komplexe Arbeitsweise in den jeweiligen Forschungsteams und Arbeitsgruppen der Geofirmen. Tätigkeitsbereiche sind in folgenden Einrichtungen und Firmen möglich:
- Forschungs- und Hochschulinstitute
- Fachbereiche in Großfirmen der Öl- und Bergbauindustrie

Abb. 9: Ortung von Hohlräumen unter einer Straße (Quelle: GMB GmbH, Senftenberg).

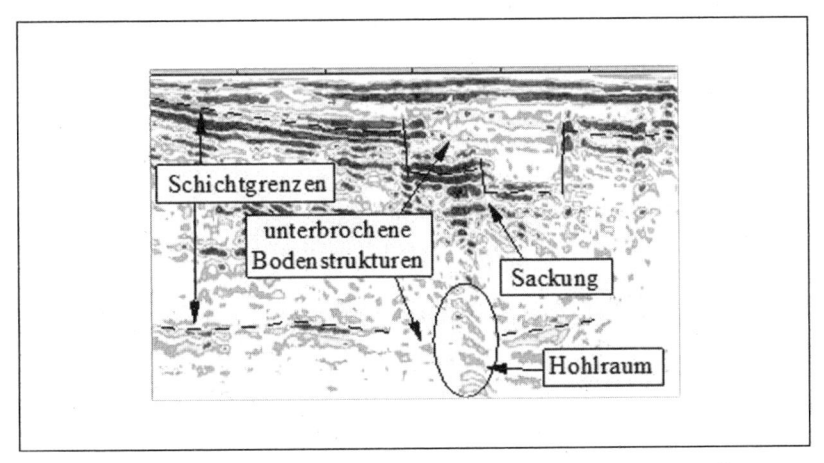

Abb.10: Georadar – Vertikalschnitt von einer Baugrunderkundung (Quelle: GMB GmbH, Senftenberg).

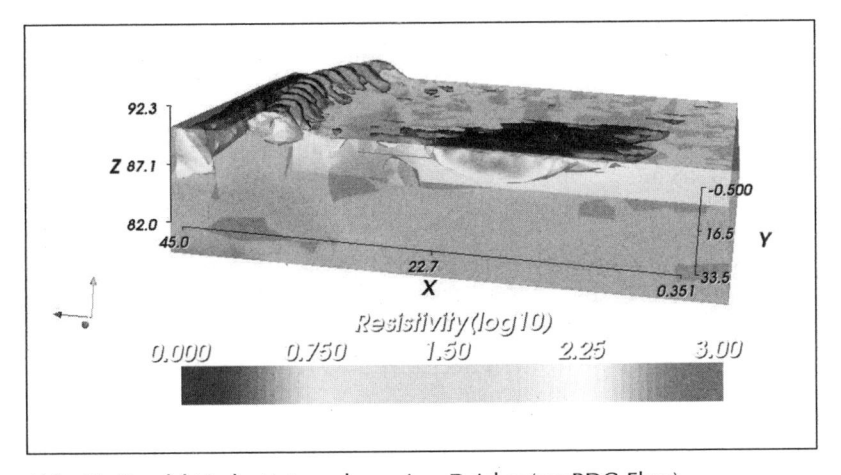

Abb. 11: Geoelektrische Untersuchung eines Deiches (aus BDG-Flyer).

- Mittelständische Geophysikfachfirmen
- Kleine Geo- und Ingenieurbüros
- Ämter und Behörden
- Consulting-Büros.

Die Arbeitsfelder der Geowissenschaftler sind traditionell international.

Bohrlochgeophysik

Bohrlochgeophysikalische Messmethoden sind heute ein fester Bestandteil der geologischen Erkundung. Die Bohrlochgeophysik findet ein breites Anwendungsfeld bei der Untersuchung von Gas- und Ölförderbohrungen, Brunnen, Grundwassermessstellen, Kavernen sowie bei geotechnischen Untersuchungen. Mittels moderner bohrlochgeophysikalischer Messmethoden ist man heute in der Lage, neben den geometrischen Kennwerten der Bohrung (Neigung, Azimut, Kaliber) die erbohrte geologische Schichtenfolge bezüglich Lage, Mächtigkeit, Lithologie/petrographischer Zusammensetzung, Porosität und Permeabilität exakt zu erfassen. In verrohrten Bohrungen (Förderbohrungen für Erdöl oder Erdgas, Brunnen, Grundwassermessstellen) können mittels der Bohrlochgeophysik sowohl quantitative sowie qualitative Untersuchungen zur Förderung (z.B. Zuflussverhalten, Wasserqualität, Durchlässigkeit von Filterkiesschüttungen) sowie eine genaue Beschreibung des Ausbaus (z.B. Teufenreichweite der Verrohrung, Korrosion/Rohrwandstärke, Hinterfüllung, Zementation/Ringraumabdichtungen) vorgenommen werden. In Bohrungen für geotechnische Untersuchungen ist es u.a. möglich, die Klüftigkeit (Klufthäufigkeit, Streichen, Fallen) als auch die elastischen Gesteinseigenschaften zu bestimmen. Die akustische Vermessung von Solkavernen für die Speicherung von Gasen, Öl oder anderen Medien ist heute ein begleitendes Standardverfahren bei der Errichtung derartiger unterirdischer Bauwerke. Der besondere Stellenwert der Bohrlochgeophysik bei der Grundwassererschließung und -gewinnung kommt nicht zuletzt dadurch zum Ausdruck, dass diese Verfahren in Deutschland in die verschiedensten Regelwerke und Arbeitsblätter des DVGW (W 121; W 123; W 124; W 135) Eingang gefunden haben. Seit 2005 liegt auch das neu überarbeitete DVGW-Arbeitsblatt W 110 „Geophysikalische Untersuchungen in Bohrungen, Brunnen und Grundwassermessstellen – Zusammenstellung von Methoden und Anwendungen" vor, das Arbeitsgrundlage eines jedes Hydrogeologen sein sollte.

Nachfolgend eine Zusammenstellung von Aussagen bohrlochgeophysikalischer Messungen in verrohrten und unverrohrten Brunnen- und Messstellenbohrungen (Tabelle 1).

Bei der Brunnenüberprüfung, die in Abb. 12 zur Darstellung gebracht wurde, kamen die Verfahren „Ringraumscanner" (RGG.D) und „Segmentiertes-Gamma-Log" zum Einsatz. Die Messergebnisse wurden von 0° bis 360° in die Ebene projiziert. Die Farbskala (bei s/w-Abbildungen Graubstufung) zeigt beim RGG.D die Dichte in g/cm^3 und beim SGL die Gammaaktivität in API jeweils über den gesamten Ringraum an. Hierdurch ist es möglich, die Ringraumabdichtung räumlich orientiert zu überprüfen. Im oberen Beispiel lässt sich eine leichte Exzentrizität des Rohreinbaus in der Aufschlussbohrung mittels des Ringraumscanners feststellen. Die Tonsperren sind jedoch ausreichend homogen geschüttet worden, was sowohl mittels der SGL-Messung als auch durch den Ringraumscanner ausgewiesen wird. Damit kann ihre hydraulische Wirksamkeit als bewiesen gelten.

Berufsfelder in den Geowissenschaften

Tab. 1: Messverfahren in Aufschlussbohrungen für die Wassergewinnung.

Messverfahren	Abk.	Aussage	Wirkprinzip
Salinitäts-Temperatur-Log	SAL / TEMP	• Korrekturfaktor für die Berechnung des elektrischen Gebirgswiderstandes als Voraussetzung der Bestimmung der Gesamtmineralisation („Versalzung") der Grundwasserleiter oder innerhalb von Grundwasserleitern • sofortige Indikation starker Zuflüsse ins Bohrloch	Messung von Temperatur und Leitfähigkeit des Wassers im Brunnen/Messstelle
Fernsehsondierung	OPT	• nur im Festgestein einsetzbar • zur Lokalisation von Kluftzonen als potenzielle Zuflussbereiche	Optische Begutachtung der Innenwandungen des Bohrlochs
Kaliber-Log	CAL	• mechanisches Abtasten der Bohrungswandung • zur Bestimmung des Bohrungsdurchmessers • zwingend notwendiger Korrekturfaktor für die Dichteberechnung • zur rechtzeitigen Erkennung von möglichen Befahrungsschwierigkeiten der Bohrung sowie von Problemen beim Brunnen- und Messstellenausbau • für die Bestimmung der Schüttmengen an Kies, Füllsand und Ton (Volumenberechnung für Ringraumverfüllung)	mechanisches Abtasten der Bohrungswand
Induktions-Log	IL	• zur Aushaltung der Lithologie des Gebirges • zur Messung des elektrischen Widerstandes des Gebirges, auch oberhalb des Wasserspiegels, insbesondere für die geologische Gliederung des Gebirges, besonders zur Widerstandsbestimmung in Großbohrungen und bei niedrigen Gebirgswiderständen • zur Bestimmung der Wassersättigung des Gebirges	induktive Messung der elektrischen Leitfähigkeit
Gamma-Ray-Log	GR	• zur Gliederung des geologischen Profils • zur Bestimmung des Feinkornanteils (Schluff und Ton) im Gebirge	Messung der natürlichen γ-Strahlung von Ausbau und Gebirge
Gamma-Gamma-Dichte-Log	GG.D	• zur dichteabhängigen Gliederung des anstehenden Gebirges (z.B. Unterscheidung von Schluff und Geschiebemergel, Erkennung von kohligen und anderen organischen Materialien im Profil) • Porositätsverfahren	Messung der gestreuten γ-Strahlung, die umgekehrt proportional zur Dichteverteilung ist
Neutron-Neutron-Log	NN	• zur Porositätseinschätzung • zur Bestimmung der Wassersättigung des Gebirges • zweites wichtiges Verfahren zur Erkennung von Ton, Schluff und tonig-schluffigen Bereichen, insbesondere beim Auftreten von Kieslagen mit erhöhter Gammastrahlung	Messung der gestreuten Neutronenstrahlung, die ein Maß für den Gesamtwasserstoffgehalt darstellt

Tab. 1: Fortsetzung.

Messverfahren	Abk.	Aussage	Wirkprinzip
Suszeptibilitäts-Log	MAL	• Metallnachweis (verlorene Rohre und Teile) • lithologische Gliederung, besonders Aushalten gröberer Fraktionen (Kies, Geröll, Steine)	Messung der Magnetisierbarkeit des Materials
Flowmeter-Log	FLOW 0 FLOW 1	• zur Gliederung des Zuflussverhaltens • nur einsetzbar bei standfesten und weitgehend schwebstofffreien Bohrungen	Umdrehungszahl eines Messflügels im Pumpenstrom bei unterschiedlichen Anregungszuständen (FLOW 0, FLOW 1, FLOW …)
Fokussiertes-Elektro-Log	FEL	• lithologischen Gliederung der geologischen Schichtenfolge, besonders Indentifikation geringmächtiger Schichten und Einlagerungen • Ergebnisse nur sehr bedingt quantitativ nutzbar	Messung des elektrischen Widerstandes
Elektro-Log (kleine und große Normale bzw. 16"- u. 64"-Normale)	EL	• lithologischen Gliederung der geologischen Schichtenfolge • Berechnung als wahren elektrischen Schichtwiderstandes in kleinkalibrigen Bohrungen, Infiltrationstiefenbestimmung	Messung des spezifischen elektrischen Widerstandes des Gebirges
Eigenpotential-Log	SP	• liefert unter günstigen Bedingungen (keine Beeinflussung durch in der Umgebung vorhandene stromführende Teile, z.B. Erdkabel, Eisenbahn, Pumpen etc.) Hinweise auf bindige und rollige Schichten im Gebirge; besonders in mesozoischen Profilen nützlich, die mäßige Versalzung des Grundwassers aufweisen	Messung der Potenzialdifferenz zwischen Mess- und Bezugselektrode
Tracer-Fluid-Log	TFL	• besonders geeignet zum Nachweis von Wasserbewegungen von geringem Ausmaß sowohl in Ruhe als auch bei Fremdanregung • zur Einschätzung der dynamischen Verhältnisse in der Bohrung • Feststellung der Zuflusshorizonte • zur Ermittlung der Filtrationsgeschwindigkeit (Grundwasserfließgeschwindigkeit)	Beobachtung der Wasserbewegung in der Bohrung unter verschiedenen Anregungszuständen und bei gezielter Zugabe eines NaCl- oder Farbtracers
Bohrlochverlaufs-Log	BA	• Prüfung, ob Bohrung lotrecht verläuft • geringe Neigung der Bohrung als Voraussetzung für das ordnungsgemäße Einbringen der Brunnenrohre, der Filterkiesschüttung und der Ringraumverfüllung	kontinuierliche Messung von Azimut und Neigung
Teufenorientierte Probenahme	TP	• Entnahme teufenorientierter Wasserproben, die hermetisch gegenüber der Umgebung abgeschlossen werden	Einsatz eines motorischen Probenehmers am Bohrlochmesskabel

Berufsfelder in den Geowissenschaften

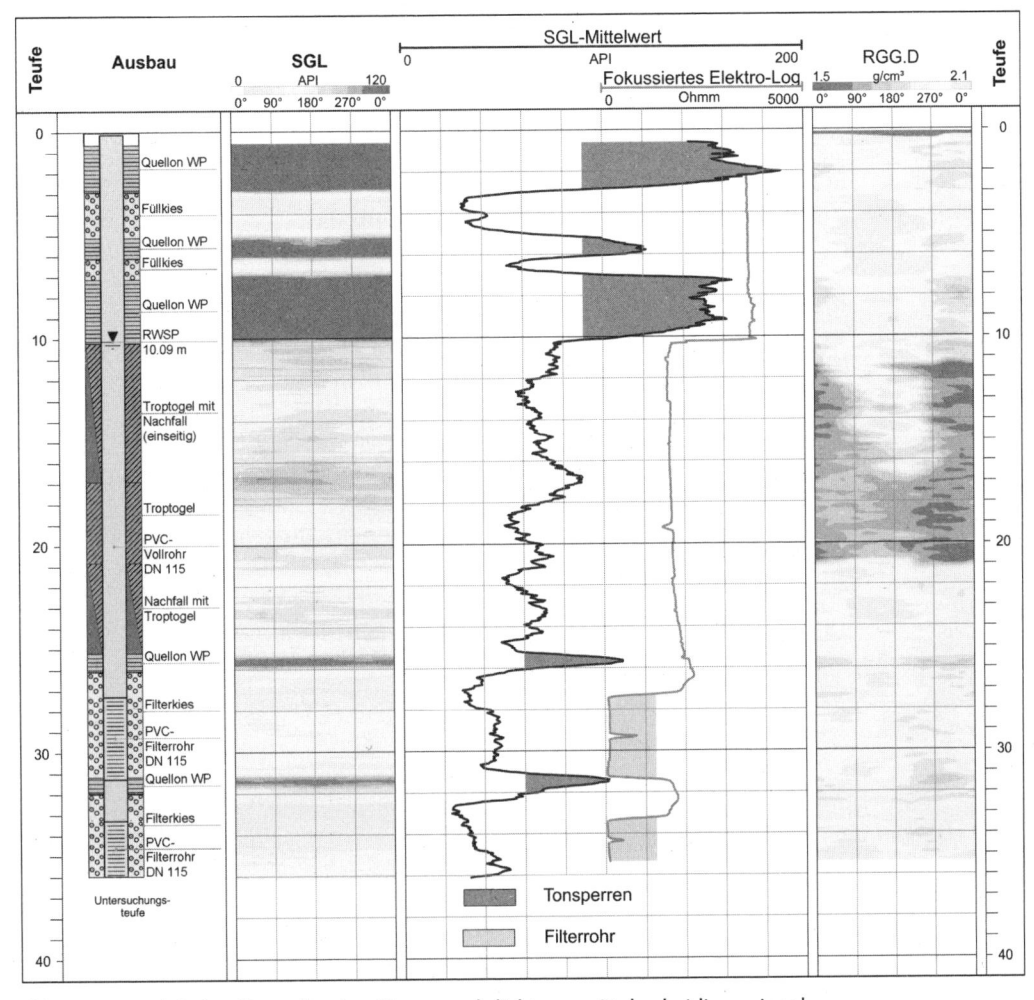

Abb. 12: Beispiel der Kontrolle der Ringraumabdichtung mittels dreidimensional messender Verfahren (Quelle: Bohrlochmessung-Storkow GmbH).

Literatur

DVGW-Arbeitsblatt W 110 (2005): Geophysikalische Untersuchungen in Bohrungen, Brunnen und Grundwassermessstellen – Zusammenstellung von Methoden und Anwendungen; wvgw Wirtschafts- und Verlagsgesellschaft Gas und Wasser mbH, Bonn.

Baumann, K. (2004): Geophysikalische Möglichkeiten einer Qualitätssicherung nach W 110; Schriftenreihe Institut WAR zum Darmstädter Seminar Wasserversorgung (2004), Band 158, Darmstadt.

Baumann, K. (2008): Zustandsanalyse von Brunnen, Grundwassermessstellen und Erdwärmesonden mittels innovativer Bohrlochmessverfahren; Brandenburgische GEOWISSENSCHAFTLICHE BEITRÄGE NR. 15 (2008), 1/2, Landesamt für Bergbau, Geologie und Rohstoffe Brandenburg.

FRICKE, S., SCHÖN, J. (1999): Praktische Bohrlochgeophysik; ENKE im Georg Thieme Verlag, Stuttgart.

KNÖDEL, K., KRUMMEL, H., LANGE, G. (1997), Handbuch zur Erkundung des Untergrundes von Deponien und Altlasten, Band 3 Geophysik im Springer Verlag, Berlin.

1.2.11 Mineralogie – die materialbezogene Geowissenschaft

(Matthias Göbbels, Erlangen)

Unter dem Dach der Mineralogie lassen sich die Petrologie mit Verschränkung zur Geologie, die Geochemie mit dem engen Bezug zur Chemie und die Angewandte Mineralogie mit der Vernetzung zur Materialwissenschaft anordnen. Dabei steht die stärkere Betonung der chemischen bzw. chemisch-physikalischen Betrachtung der Gesteine, Rohstoffe, Mineralien und Materialien im Mittelpunkt.

Mineralogie kann sehr treffend mit der Beschreibung „die materialbezogene Geowissenschaft" charakterisiert werden. Den Mineralogen interessiert die Chemie der Erde mit all ihren Aspekten vom Gesteinszyklus, über die Lagerstättenbildung und Aufbereitung, der Verwendung von Rohstoffen bis hin zur Anwendung und Entwicklung neuer Materialien.

Dazu werden hochmoderne Untersuchungsmethoden herangezogen, die sowohl physikalischer als auch chemischer Natur sind und Aussagen über Alter, chemische Überprägungen und Umwandlungen sowie chemische Zusammensetzungen und physikalische Eigenschaften ermöglichen. Neben dieser starken physikalisch-chemisch-analytischen Ausrichtung sind aber auch theoretische Berechnungen und die Durchführung von Hochtemperatur- und Hochdruckexperimenten wichtige Aspekte in Lehre und Forschung.

Wer sich für dieses Fach interessiert, sollte die Wahl des Studienortes auf eine Internetrecherche zu den unterschiedlichen individuellen standortspezifischen Lehr- und Forschungsinhalten stützen. Jeder Standort besitzt eine individuelle Ausrichtung.

gute Berufschancen Die Mineralogie befähigt ihre Absolventen, erfolgreich in der modernen Industriegesellschaft Fuß zu fassen! Die Berufsmöglichkeiten an Hochschulen, Forschungseinrichtungen und Bundesämtern sind derzeit relativ gering, doch dafür sind die Aussichten in der Industrie umso besser!

Warum ermöglicht eine Schwerpunktbildung in Mineralogie so gute Berufschancen? In unserem Fach sind die Fragestellungen häufig interdisziplinär und vielschichtig: Wie ist ein Gestein entstanden, warum hat es sich umgebildet, woran ist dies zu erkennen, wie kann dies interpretiert werden? Die Antworten werden durch chemisch-physikalische Untersuchungen und Modellentwicklungen gefunden. Sowohl geowissenschaftliche Kompetenz als auch experimentelle bzw. methodische Kompetenz sind essentiell. Die Zusammenschau vieler Hinweise und Aspekte ergibt das Gesamtbild. Das Arbeitsfeld der Mineralogie liegt im Schwerpunkt bei den Geowissenschaften, zieht aber je nach Fragestellung physikalische, chemische und mitunter mathematische oder biologische Methoden in die Bearbeitung mit ein.

Im Bereich der Angewandten Mineralogie finden sich z.B. folgende Lehr- und Forschungsinhalte:

- Bauchemie: Wie können neuartige Zemente, Fliesenkleber oder Putze entwickelt werden? Wie lassen sich die etablierten Materialien optimieren?
- Steine- & Erdenindustrie: Entwicklung und Optimierung von feuerfesten Materialien, Fliesen und Ziegeln, Einsatz von Reststoffen, Bewertung von Rohstoffen auf die Produktqualität.
- Keramische Industrie: Entwicklung und Optimierung von keramischen-/feinkeramischen Produkten, Elektrokeramiken, Isolatoren und Glasuren für die unterschiedlichsten Qualitätsanforderungen, Hartstoffe für Materialbearbeitung.
- Elektronische & optische Industrie: Isolatorwerkstoffe, keramische Folien, Hochleistungskeramiken & Einkristalle für elektrische, magnetische, optische und sensorische Anwendungen. Einsatzgebiete sind die Nachrichtentechnik, Datenverarbeitung, Speichermedien, Sensoren für Motorensteuerung oder Abgasüberwachung.
- Medizintechnik: Schneid- und Bohrwerkzeuge – mechanisch wie optisch, Knochenersatzstoffe für Implantate jeglicher Art (Zahn-, Kiefer- und Knochenchirurgie) in Form von Keramiken oder Gläsern.
- Umwelttechnik: Charakterisierung von Deponiematerialien, Behandlung von Reststoffen, umweltverträgliche Baustoffe.
- Energietechnik: Solarzellen, Turbinenschaufeln, „keramische Batterien", Steuerungssensorik.

Zwei Aspekte sollten im Studium im Auge behalten werden: Die fachliche und die methodische Kompetenz. Bei der Bewerbung nach Beendigung des Studiums sind neben der Studiendauer, den Abschlussnoten und der sozialen Kompetenz die Inhalte entscheidend. Die Themen der Bachelor- oder Masterarbeit im Hinblick auf die Anwendungsrelevanz sind hinreichend, aber nicht unbedingt notwendig. Ausschlaggebend ist zusätzlich eine methodische Kompetenz. Dies sollte sich nicht darin erschöpfen, eine Methode kennengelernt zu haben. Es ist von größerem Vorteil, Erfahrungen damit gesammelt zu haben. Dabei sind in vorderster Front die „industrierelevanten" Methoden wie Röntgenpulverdiffraktometrie, Röntgenfluoreszenzanalyse, Rasterelektronenmikroskopie, Elektronenstrahl-Mikroanalytik und ggf. chemische Analysenverfahren zu nennen. Untersuchungen zu Isotopenverteilungen o.Ä. sind eher im akademischen Bereich anzusiedeln.

methodische Kompetenz

Die Neustrukturierung der Studiengänge hat die Universitätslandschaft auf den ersten Blick unübersichtlicher gemacht. Im Bereich der Schwerpunktlegung auf Mineralogie ist ein konsekutives Bachelor-Masterstudium sehr anzuraten. Nur ein Masterabschluss führt zu attraktiven Aufstiegsmöglichkeiten in der Industrie. Es ist aber sicher möglich und manchmal sinnvoll, nach Abschluss des Bachelorstudiums den Studienstandort für das Masterstudium zu wechseln. Im Bachelorstudium werden Grundlagen gelegt. Dabei wird auch eine konkrete Vorstellung der Spezialisierungs- bzw.

Vertiefungsmöglichkeiten entwickelt. Sind diese Vorstellungen am bisherigen Studienort nicht umsetzbar, ist der Wechsel hilfreich. Ob Auslandsaufenthalte oder Industriepraktika hilfreich oder gar notwendig sind, sollte im konkreten Einzelfall mit Dozenten des Vertrauens beraten werden.

Zusammenfassend lässt sich sagen: Wer Spaß und Interesse an Geowissenschaften und Chemie hat und sich auf die Mineralogie/Angewandte Mineralogie spezialisiert, hat bei einem guten bis sehr guten Studium in vertretbarer Zeit sehr gute Berufsaussichten. Die Absolventen/innen finden in Abteilungen der Forschung und Entwicklung, der Qualitätskontrolle und -prüfung oder im Vertrieb interessante Herausforderungen in Schlüsselpositionen, die auch Wege ins mittlere und obere Management ebnen können.

1.2.12 Geothermie

(Klaus Bücherl, Regensburg)

Unter geothermischer Energie versteht man die in Form von Wärme im Untergrund gespeicherte Energie. Die bis ca. 400 m Tiefe gespeicherte Energie wird mit Hilfe von Wärmepumpen zum Heizen und Kühlen von Gebäuden verwendet. Sie findet aber auch zur Wärme- und Kältespeicherung im Untergrund und zur Heizung oder Kühlung von Straßen, Brücken oder Start- und Landebahnen Anwendung. Diese Nutzungsformen werden auch als „oberflächennahe Geothermie" bezeichnet.

Die sogenannte „tiefe Geothermie" erschließt Energiequellen in größeren Tiefen mit 100°C und mehr, die neben der direkten Nutzung der Wärme auch zur Stromerzeugung genutzt werden.

Die Erdwärme steht unabhängig von Tages- und Jahreszeit und der meteorologischen Gegebenheiten permanent zur Verfügung. Erdwärme ist eine ständig verfügbare, heimische, krisensichere und umweltfreundliche Energiequelle.

Bedeutung Die Nutzung der geothermischen Energie zur Wärme- und Stromerzeugung hat in den letzten Jahren erheblich an Bedeutung gewonnen. Ende 2009 waren in Deutschland 2,5 GW thermischer Leistung und 8 MW Kapazität zur Stromerzeugung installiert. Die Wachstumsaussichten sind hervorragend. Nach einer Prognose des Bundesverbands Erneuerbare Energie wird die installierte Leistung für die Stromerzeugung bis zum Jahr 2020 auf 625 MW steigen. Dazu kommen in Deutschland jährlich rund 50000 Wärmepumpen, die zur geothermischen Nutzung installiert werden.

Um die geothermische Energie nutzen zu können, benötigt man ein Medium, mit dem die Wärme transportiert werden kann. Das kann entweder das natürlicherweise vorhandene Grundwasser sein oder ein Wärmeträgermedium, das in einem geschlossenen Kreislauf zirkuliert.

Die Erschließung der Wärmequelle erfolgt in der Regel durch Bohrungen in den Untergrund. Dementsprechend sind die damit im Zusammenhang stehenden Gutachter- und Planungsleistungen zu einem wichtigen Berufsfeld für Geowissenschaftler geworden.

Berufsfelder in den Geowissenschaften

Die Rolle der Geowissenschaftler bei der Nutzung der Geothermie

In der oberflächennahen Geothermie ist die Tätigkeit der Geowissenschaftler eng mit der Bauwirtschaft verknüpft. Bereits in der ersten Planungsphase prüfen sie, ob die Nutzung der Erdwärme eine sinnvolle Alternative zu konventionellen Heiz- und Kühlkonzepten sein kann und für welche der geothermischen Nutzungsformen (Erdwärmesonden, Grundwasser) der Standort geeignet ist. Dazu werden die geologischen und wasserwirtschaftlichen Voraussetzungen geprüft. Planungsgrundlage ist dabei der von anderen Fachplanern ermittelte Wärme- und/oder Kältebedarf des geplanten Gebäudes. Ist die Geothermie an dem Standort geeignet, werden genehmigungsrechtliche Voraussetzungen untersucht. Dazu gehören neben der Ermittlung von Nutzungskonkurrenzen wie Schutzgebieten, die Einschätzung der hydrogeologischen Standortbedingungen sowie die Klärung von Risikofaktoren wie Altlasten, Altbergbau und die Abschätzung relevanter geothermischer Untergrundparameter.

oberflächennahe Geothermie

Im Rahmen der darauf folgenden Vorplanung werden verschiedene Varianten betrachtet und eine erste Vordimensionierung durchgeführt. In dieser Planungsphase werden meist auch Untersuchungen wie Probebohrungen erforderlich. Eine wichtige Rolle spielt dabei der „Thermal Response Test", bei dem die thermischen Untergrundparameter (u.a. Wärmeleitfähigkeit) ermittelt werden.

> Der Thermal Response Test – TRT (auch: Geothermal Response Test – GRT) ist eine Methode zur Bestimmung der Wärmeleitfähigkeit des Untergrunds. An einer fertig eingebauten Erdwärmesonde wird das Verhalten des Untergrundes auf den Eintrag von Energie in Form von Wärme gemessen. Neben den thermischen Eigenschaften des Gesteins erhält man Informationen über die Qualität der Erdwärmesonde, die Temperatur der ungestörten Untergrundverhältnisse und evtl. vorhandenen Grundwassereinflüsse.

Mit den so ermittelten Daten wird das thermische Leistungsvermögen des Untergrundes und der geothermischen Anlage unter den im Einzelfall geplanten Bedingungen berechnet. Die geschieht mit speziellen EDV-Programmen, bei größeren Anlagen auch mit numerischen Modellen. Auf dieser Grundlage werden dann die Unterlagen für die wasserrechtliche oder die bergrechtliche Genehmigung bei Bohrungen von mehr als 100 m Tiefe erarbeitet.

Zu den Aufgaben des geowissenschaftlichen Fachplaners gehört es dann, die Ausführungspläne zu erstellen und den Bauherrn bei der Vergabe der Bauleistungen zu unterstützen. Dazu werden die Leistungen detailliert beschrieben, Leistungsverzeichnisse erstellt, Angebote eingeholt, ausgewertet und eine Vergabeempfehlung abgegeben. Bei der Ausführung der Arbeiten überwacht der Geowissenschaftler die Arbeiten, achtet auf die richtige Ausführung, prüft Rechnungen, wirkt bei Abnahmen mit und dokumentiert die durchgeführten Leistungen.

Die verschiedenen Leistungsphasen der Planung einer Anlage zur Nutzung der oberflächennahen Geothermie, von der Grundlagenermittlung bis hin zur abschließenden Dokumentation ist eine vielseitige Aufgabe, bei der geologischer Sachverstand bei der Beurteilung der Standortsituation und der Wahl der geothermischen Verfahren, aber auch das Verständnis für das Zusammenspiel von Wärmequelle und Haustechnik gefragt sind. Bei der Erkundung und Überwachung kommt auch der Geländeeinsatz nicht zu kurz.

tiefe Geothermie — Die tiefe Geothermie erschließt geothermale Lagerstätten in größeren Tiefen. Meist werden dabei Tiefen von 1000 m und mehr angestrebt, um Temperaturen von mehr als 100°C zu erreichen. Man unterscheidet dabei die petrothermalen Lagerstätten mit heißem Tiefengestein ohne zirkulierende Wässer und hydrothermale Lagerstätten mit Thermalwässern. Bei den petrothermalen Lagerstätten wird Wasser eingepresst und über eine zweite Bohrung wieder entnommen. Das heiße Gestein wird dabei als großer Wärmetauscher genutzt. Meist müssen dazu erst Wegsamkeiten geschaffen werden, indem vorhandene Klüfte geweitet werden. Diese Nutzungsform, die auch als „Hot-Dry-Rock-Verfahren" bezeichnet wird, steht noch am Anfang, birgt aber ein großes Potenzial. Rund 90 % des geothermischen Stroms könnten aus derartigen Lagerstätten gewonnen werden.

Die hydrothermale Nutzung hat demgegenüber eine lange Geschichte. Viele Thermalbäder gewinnen seit Langem warme Tiefenwässer zur balneologischen Nutzung. Neu ist dagegen die Erschließung von Tiefenwässern mit Temperaturen von mehr als 100°C, die zur Stromerzeugung genutzt und in Fernwärmenetze eingespeist werden.

Die geologische Vorerkundung spielt bei Projekten der tiefen Geothermie eine entscheidende Rolle. Dabei werden im Prinzip die gleichen Techniken und Methoden angewandt wie bei der Exploration anderer Tiefenlagerstätten, wie zum Beispiel der Erdöl- und Erdgasexploration. Geowissenschaftler werten geophysikalische und geologische Daten aus, planen und betreuen seismische Messkampagnen und erstellen dreidimensionale Modelle des Untergrundes. Ziel der Auswertung ist die möglichst genaue Lokalisierung der Zielbereiche für die Bohrungen und die Minimierung des Fündigkeitsrisikos.

Neben den rein geowissenschaftlichen Fragen geht es bei Projekten der tiefen Geothermie um Risikomanagement, Finanzierung, Projektorganisation, Wirtschaftlichkeit und Vertragswesen. Der Geowissenschaftler arbeitet dabei als Fachplaner Hand in Hand mit Verfahrensingenieuren, Projektsteuerern, Juristen und Kaufleuten. Für die Aufsuchung und für die Gewinnung der Energiequelle sind bergrechtliche Verfahren erforderlich, zu denen die Geowissenschaftler die entscheidenden Beiträge liefern. Sie wirken an der Vergabe der Bohrungen mit, indem sie Leistungsbeschreibungen und Leistungsverzeichnisse erstellen, und betreuen die Bohrungen aus geologischer Sicht.

Geowissenschaftler spielen bei allen Fragen der Nutzung geothermischer Energie eine zentrale Rolle. Geothermie ist ein vielseitiges und zukunftsträchtiges Aufgabenfeld und wird weiter an Bedeutung als geowissenschaftliches Berufsfeld gewinnen.

1.3 Einsatzbereiche

1.3.1 Geobüros und Freiberufler

(Friedwalt Weber, Riegelsberg)

Bis in die 1970er Jahre traten Geowissenschaftler in Deutschland im Gegensatz zu Architekten und Ingenieuren in der Ausübung des „freien Berufs" kaum in Erscheinung. Geowissenschaftliche Gutachten und Expertisen wurden vornehmlich von den Geologischen Diensten (Geologische Landesämter, Universitätsinstitute, Bundesanstalt für Geowissenschaften und Rohstoffe), meist für größere Baumaßnahmen, Lagerstätten- und Grundwassererkundungen, erstellt. Seither hat sich dieses Bild gewandelt, was auf die gestiegenen Anforderungen an die Nutzung unserer natürlichen Ressourcen und auf den Rückzug öffentlicher Institutionen aus dem „Geo-Markt" zurückzuführen ist. Als erste übernahmen diese Aufgaben zu einem Teil Ingenieurbüros, wo Fachingenieure für Boden- und Felsmechanik sowie für Erd- und Grundbau die überwiegend ingenieurgeologischen Themen bearbeiten. Den Anstoß zu einem zunehmenden Einsatz von Geowissenschaftlern in diesen Aufgabengebieten lieferten zur gleichen Zeit die großen deutschen Ingenieurbüros, die sowohl bei inländischen wie auch bei ausländischen Großaufträgen wie z.B. Talsperren- und Brückenbaumaßnahmen mit Expertenteams auftreten, in denen neben den Ingenieuren auch Geologen, Mineralogen und Geophysiker vertreten sind. Da sich diese Zusammenarbeit außerordentlich bewährte, wird dieses Vorbild etwa ab den 1970er Jahren zunehmend von den kleineren, regional arbeitenden Ingenieurbüros übernommen. Insbesondere gut eingeführte Ingenieurbüros mit stabiler Auftragslage beginnen, Geowissenschaftler für gutachterliche Tätigkeiten einzustellen.

Nach der deutschen Rechtsprechung handelt es sich bei Freiberuflern um Einzelunternehmer, die nicht der Gewerbeordnung unterliegen. Die Tätigkeiten umfassen fachspezifische Leistungen, die Gutachter oder Sachverständige erbringen. Zur Ausübung des Freiberufs ist neben der besonderen beruflichen Qualifikation auch die Fähigkeit erforderlich, eigenverantwortlich und fachlich unabhängig hochwertige Dienstleistungen in Form von Gutachten zu erbringen, die, im Gegensatz zu gewerblichen Leistungen wie Bau- und Handwerkerleistungen, den Charakter von individuellen, geistig-schöpferischen Leistungen haben müssen.

Freiberufler

Der Begriff „Freiberufler" ist nicht mit dem Begriff des „freien Mitarbeiters" zu verwechseln. Letzterer steht in einem nicht festen Arbeitsverhältnis und in Abhängigkeit eines Arbeitgebers und erfüllt nicht die Bedingungen der Unabhängigkeit eines Freiberuflers. Ein Freiberufler darf jedoch durchaus die Hilfe von anderen Arbeitskräften wie z.B. für Büro-, Feld-, Labor- und Zeichnerarbeiten in Anspruch nehmen. Er muss jedoch die Gesamtleistung fachlich leiten und die Gesamtverantwortung übernehmen. Ab einem Einkommen von z. Zt. 17 000 € pro Jahr ist er auf jeden Fall umsatzsteuerpflichtig. Da er in keinem lohnabhängigen Arbeitsverhältnis steht, unterliegt er der Einkommenssteuer. Die freiberufliche Tätigkeit ist dem zuständigen Finanzamt anzuzeigen und darzulegen. Zur Anerkennung des Status eines Freiberuflers durch das Finanzamt ist die Dokumentation der Unabhängigkeit eine wichtige Voraussetzung. Darüber hinaus ist es zur Vermeidung einer unzulässigen „Scheinselbständigkeit" notwendig, für verschiedene Auftraggeber tätig zu werden. Dennoch ist es möglich, die freiberufliche Tätigkeit auch für einen einzigen Großauftraggeber, z.B. für eine Mineralölgesellschaft, einen Bergbau- oder Energiekonzern, zu erbringen. Im Einzelfall ist auch dies mit dem Finanzamt und den Sozialversicherungsträgern abzustimmen. Die Verlockung einer unabhängigen Selbständigkeit hat in den letzten Jahren so manchen Hochschulabsolventen der Geowissenschaften bewegt, einfache Dienstleistungen wie Kleinrammbohrungen, Sondierungen und Baustoffprüfungen ohne gutachterliche Auswertungen privaten Auftraggebern, insbesondere Freiberuflern und Geobüros anzubieten. Derartige „Bauleistungen" zählen jedoch finanzrechtlich zu gewerblichen Leistungen und werden nicht als freiberufliche Tätigkeiten anerkannt. Sie unterliegen somit der Gewerbeordnung.

Geobüros
Der Begriff Geobüro steht für ein bevorzugt geowissenschaftlich tätiges Büro, vergleichbar mit dem Status eines Ingenieurbüros. Es ist im Regelfall der Zusammenschluss von Freiberuflern zu einer Personengesellschaft. Eine häufig gewählte Gesellschaftsform ist die „Gesellschaft bürgerlichen Rechts" (GbR). Für diese besteht keine Buchführungspflicht. Umsätze und Gewinne müssen allerdings klar dokumentiert und gegenüber dem Finanzamt offengelegt werden. Eine Bilanzpflicht besteht erst ab höheren Umsätzen (mehr als 500 000 €/a) oder höheren Jahresgewinnen (ab 50 000 €). Die Haftung der Gesellschaftspartner ist gesamtschuldnerisch, d.h. jeder Gesellschafter haftet grundsätzlich im Außenverhältnis (gegenüber den Kunden) für einen Gesamtschaden, dies auch mit seinem ganzen Privatvermögen. Um diese riskante Haftung zu begrenzen, werden viele Geobüros auch als „Gesellschaften mit beschränkter Haftung" (GmbH oder GmbH & Co KG) geführt. Allerdings gelten für diese Gesellschaftsform wesentlich striktere gesetzliche Auflagen wie z.B. die Buchführungs- und Bilanzierungspflicht. Die Form einer Aktiengesellschaft (AG) wird nur sehr untergeordnet und meist von großen Büros mit mehr als 50 Mitarbeitern sowie mehreren Zweigniederlassungen gewählt. In den letzten Jahrzehnten hat sich vor allem die Kooperation von Geowissenschaftlern und Bauingenieuren (auch in Form der Partnerschaftsgesellschaft), die im Regelfall als „klassisches Ingenieurbüro" firmieren, bewährt. Sie setzt eine gute Teamfähigkeit der zusammenarbeitenden Geowissenschaftler und Ingenieure voraus, ist jedoch gerade durch diese interdisziplinäre Teamarbeit prädestiniert für anspruchsvolle Großaufträge.

Voraussetzungen
Voraussetzungen für eine freiberufliche Tätigkeit bilden neben der soliden Grundausbildung des Hochschulstudiums vornehmlich die Fähigkeiten, Aufträge im In- oder Ausland zu akquirieren, sie gewissenhaft nach dem Stand von Technik und Wissenschaft abzuarbeiten und die Ergebnisse in verständlicher und umsetzbarer Form dem Kunden darzulegen. Dafür ist

Einsatzbereiche

eine gehörige Portion Erfahrung, aber auch Selbstbewusstsein und ein sicheres Auftreten erforderlich. All dies ist für Berufsanfänger in der Regel kaum zu erbringen, zumal es zu Beginn einer selbständigen Tätigkeit auch an den notwendigen Kontakten mangelt. Der Weg in die Selbständigkeit sollte daher erst nach einigen Berufsjahren, möglichst als Angestellter eines auf dem gewählten Sektor tätigen Geobüros, gewählt werden. Die größeren Geo- und Ingenieurbüros gewähren ihren verdienten Angestellten mit der Zeit oft auch die Möglichkeit eines Aufstiegs in die Geschäftsführung bzw. in die Partnerschaft. Hier zeigen sich auch Parallelen zu den Partnerschaften bei juristischen Berufen.

Da Geobüros im Regelfall als Partnerschaften bzw. Partnerschaftsgesellschaften gegründet werden, stehen an der Spitze mindestens zwei Freiberufler, die bei Gesellschaften mit beschränkter Haftung die Position von geschäftsführenden Gesellschaftern einnehmen. Sie erstellen in Eigenverantwortung auch die Hauptdienstleistungen in Form von Gutachten, geotechnischen Berichten, Dokumentationen und Sachverständigenexpertisen. Die zeichnerischen Darstellungen der Ergebnisse von Felduntersuchungen werden von Bauzeichnern ausgeführt. Für eigene Felduntersuchungen wie Kleinrammbohrungen, Rammsondierungen und Probenahmen, aber auch Kontrolluntersuchungen auf Baustellen, werden oft ein oder mehrere eigens ausgebildete Techniker (z.B. Baustoffprüfer) eingestellt. Ein regelmäßig besetztes Sekretariat zur Koordinierung des Telefon- und Schriftverkehrs ist in den meisten Fällen vorhanden. Dadurch erreicht die Mehrzahl der Geobüros eine Mitarbeiterzahl zwischen 4 und 10 Personen. Größere Büros mit bis zu 25 und mehr Mitarbeitern beschäftigen meist noch weitere Gutachter, oft sowohl Geowissenschaftler als auch Ingenieure. Nicht selten wird ein bodenmechanisches Versuchs- und Prüflabor angehängt, wofür ebenfalls zusätzliches Personal erforderlich ist. Hingegen wird die Lohn- und Finanzbuchhaltung oft ausgegliedert und extern an Steuer- und Wirtschaftsberatungsinstitute vergeben.

Struktur

Die Aufgabenbereiche von Freiberuflern und Geobüros sind sehr vielfältig und verschiedenartig. In unterschiedlicher Größe und Leistungsfähigkeit der Büros werden sehr viele Interessensbereiche abgedeckt. Als klassische Aufgabenfelder sind dabei zu betrachten:

Aufgabenbereiche

- Geotechnik, Erd- und Grundbau, Boden- und Felsmechanik, wo Gutachten für alle größeren Bauprojekte (Gebäude, Tunnel, Brücken, Verkehrswege, Kanäle) in Deutschland als Planungsgrundlage verlangt werden.
- Wasserwirtschaft (hydrogeologische Gutachten, numerische Modellierung – insbesondere im Rahmen der Wasserversorgung und großer Bauvorhaben).

Ein neues großes Aufgabenfeld erschließt sich etwa ab Mitte der 1980er Jahre:

- Gutachten im Rahmen des Umweltschutzes wie z.B. zur Altlastenerkundung und -sanierung, bei Fragen des Flächenrecyclings und des Flächenmanagements, zur Untersuchung und Beurteilung von Grund- und Oberflächenwasserqualitäten.

Etwa ab Mitte der 1990er Jahre erweitert sich die Palette bei vielen Freiberuflern und Geobüros um die Arbeitsbereiche

- Niederschlagswasserbewirtschaftung
- Abfallwirtschaft (Gebäuderückbau, Baustoffrecycling, Deponietechnik)
- Beurteilung von Gebäudeschadstoffen
- Geothermie.

Je nach regionalem Bedarf befassen sich Freiberufler und Geobüros auch mit Themenbereichen wie
- Erkundung und Bewertung regionaler Rohstofflagerstätten (Kiese, Sande, Hartsteine)
- Gutachten für Bergbauunternehmen (Unter- und Übertagebergbau).

Die Experten können einfache Bewertungen bis hin zu komplexen Gutachten und Modellierungen umfassen. Es ist auch durchaus üblich, für Teilaspekte sich der Mithilfe weiterer Fachgutachter (z.B. Chemiker, Biologen, Architekten und Ingenieure) zu bedienen.

Auftraggeber

So wie sich die Vielfalt der Aufgabenbereiche darstellt, so können Freiberufler und Geobüros für die unterschiedlichsten Auftraggeber ihre Dienstleistungen erbringen. Das Spektrum reicht vom einfachen verantwortungsbewussten Bauherrn, der für das Eigenheim auch die Ausgabe für ein Baugrundgutachten nicht scheut, bis hin zu großen Industriefirmen, die für Um- und Neubaumaßnahmen eine sehr anspruchsvolle Fachbetreuung benötigen. Sehr wichtig sind aber auch die öffentlichen Auftraggeber wie Bund, Länder, Städte und Gemeinden, die eigentlich permanent Bedarf an Gutachten für ihre öffentlich zu vergebenden Aufträge haben. Auch von Gerichten und Versicherungen werden derartige Gutachten angefragt.

Auftragsabwicklungen

Am Anfang steht natürlich die Akquisition bei potenziellen Auftraggebern, die naturgemäß für Neueinsteiger und frisch gegründete Geobüros oberste Priorität einnimmt. Eine wichtige Rolle als potenzielle Auftraggeber spielen neben den Kommunen auch Wasserversorgungsunternehmen, Landwirtschafts- und Forstämter sowie Architekten, Bauträger, Immobilienmakler, Erschließungsgesellschaften, Banken und Versicherungen. Bereits zur Angebotsabgabe muss vom geowissenschaftlichen Gutachter ein schlüssiges und vor allem überzeugendes Untersuchungskonzept erstellt werden. Als nächstes gilt es, dieses Konzept in guter Form zu präsentieren. Hier ist die persönliche Kontaktaufnahme mit dem Kunden enorm wichtig. Bei einer gut aufgebauten Vertrauensbasis wird die Kalkulation einer Dienstleistung einfacher, im günstigen Fall lassen sich Ausschreibungen vermeiden; Dumpingpreiswettbewerbe sind ohnehin ruinös. Nach Vertragsabschluss können die notwendigen Untersuchungen begonnen werden. Werden hierzu Fremdleistungen wie Kernbohrungen, Baggerarbeiten und chemische Analysen benötigt, müssen diese koordiniert und überwacht werden. Alle Ergebnisse werden vom Geowissenschaftler zusammengetragen und erstbewertet. Er entscheidet über die Darstellungsformen und gibt den Zeichnern und Technikern zu deren Umsetzung die notwendigen Instruktionen. Kernpunkt bildet dann die eigentliche gutachterliche Leistung in Form einer vollständigen schriftlichen Dokumentation und Beurteilung der dargestellten Untersuchungsergebnisse. Abgeschlossen wird ein Projekt letztlich mit der Rechnungsstellung und Aufnahme in die Finanzbuchhaltung.

Einsatzbereiche

Für Freiberufler und kleinere Geobüros gibt es selten die Möglichkeit, die Abwicklung auf mehrere Schultern zu verteilen, man betreut einen Auftrag durchgehend von der Akquisition bis zur Rechnungsstellung. Andererseits liegt gerade darin der Reiz einer freiberuflichen Tätigkeit, da dies ein starkes Gefühl der Eigenverantwortlichkeit und Selbständigkeit vermittelt.

Während die rein freiberufliche Tätigkeit für Berufsanfänger gerade wegen der fehlenden Erfahrung und zu geringer Auftragsvolumina zu Beginn in der Regel nicht in Frage kommt, so bieten sich in Geobüros für Berufsanfänger durchaus gute Einstiegschancen. Da viele notwendige Fähigkeiten erst im Rahmen der vergleichsweise langen Einarbeitungsphase erworben werden können, richtet sich der prüfende Blick des „Personalchefs" auf die im Rahmen der Grundausbildung, also im Studium erworbenen Fähigkeiten. Schon die Vielfalt der Aufgabengebiete von Freiberuflern und Geobüros zeigt, dass dabei eine solide geowissenschaftliche Allgemeinausbildung höher als ein sehr fachspezifisch orientiertes Hochschulstudium einzuschätzen ist. Man will schließlich den „Neuen" auch auf allen möglichen Gebieten einsetzen können. Dazu sind neben den Grundfertigkeiten in der praktischen geowissenschaftlichen Allgemeinausbildung (Kartierung, Gesteinskunde, Bodenkunde, Probenahme) auch Fertigkeiten vonnöten, die eher am Rande der klassischen akademischen Geo-Ausbildung liegen, wie z.B. Kartografie und Vermessung, die fächerübergreifend erlernt werden müssen. Hier stehen Computerkenntnisse im Vordergrund. Praktisch jeder Stellenanbieter erwartet, dass ein Berufsanfänger sicher mit Office-, Datenbank- und CAD-Software umgehen kann, vielfach sind aber auch grundlegende Kenntnisse zu GIS erwünscht. Mit zunehmender Spezialisierung können auch Aufgaben der Computermodellierung hinzukommen.

Berufsanfänger

Von Beginn an und in allen Phasen seines Arbeitsalltages muss sich der Geo-Berufseinsteiger mit anderen Fachdisziplinen verständigen können. Vorrangig muss er sich mit der Denk- und Ausdrucksweise von Ingenieuren und Kaufleuten vertraut machen. Die Fähigkeit zu interdisziplinärem Arbeiten und zur fachübergreifenden Kommunikation ist oberstes Gebot. Ebenso wichtig ist auch der erste Eindruck beim Vorstellungsgespräch. Hierbei macht sich der Arbeitgeber bereits Gedanken über die Einsetzbarkeit und die persönliche Wirkung des Bewerbers im Umgang mit künftigen Kunden.

Ob die Chancen für Bachelorabsolventen besser oder schlechter als die eines Masterabsolventen sind, lässt sich bis dato nur schwer beurteilen, da die Umstellung auf die neuen Studienabschlüsse erst vor wenigen Jahren erfolgt ist und den Geobüros die Vergleiche der jeweiligen Qualifikation noch nicht möglich sind. Es hängt davon ab, in welchen Bereichen die Berufsanfänger eingesetzt werden sollen. Wird er vorwiegend mit Koordinationsaufgaben betraut, so sollte der Bachelorabsolvent durchaus gute Einstellungschancen haben. Wird hingegen ein überwiegend freiberuflich tätiger Gutachter gesucht, dürfte die Wahl weitgehend auf Masterabsolventen fallen. Letztlich orientiert sich die Einstellung aber auch an Wirtschaftlichkeitsbetrachtungen der Büros, da in der Regel die Einarbeitung eines Bachelorabsolventen in kleineren Büros finanziell besser zu verkraften ist.

Für einen Freiberufler ist das Führen eines akademischen Grades, insbesondere eines Dr.- oder Prof.-Titels, durchaus von Wert. In der deutschen

Promotion?!

Gesellschaft genießt ein solcher Titel hohes Ansehen und ist bei einer ersten Kontaktaufnahme Vertrauen schaffend. Gerade dies ist bei der Akquisition von großer Bedeutung. Insofern kann eine Promotion für einen späteren Freiberufler durchaus auch von wirtschaftlichem Vorteil sein. Dies gilt auch für die Geschäftsführer von Geobüros. Bei angestellten Gutachtern ist ein zusätzlicher akademischer Titel nicht Grundvoraussetzung, zumal er auch beim Einstiegsgehalt kaum Beachtung findet. In großen Geobüros ist er allerdings oft hilfreich innerhalb der Bürohierarchie, höhere Positionen zu besetzen oder gar in die Geschäftsführung oder Partnerschaft nachzurücken.

Interne Aus- und Weiterbildung

Eine intensive Einarbeitung in alle Belange und Ansprüche eines Geobüros ist auch bei hervorragender Universitätsausbildung unbedingt erforderlich. Hierzu gehört auch, dass der Berufseinsteiger im Rahmen der erweiterten Einarbeitung eigene Kontakte zu Kunden und Auftraggebern knüpft. Dies erweitert die Auftragslage des Geobüros mittel- und langfristig. Dieser Prozess dauert in aller Regel zwei bis drei Jahre, selbst wenn die langjährigen Mitarbeiter eines Büros kollegial unterstützend zur Seite stehen. Diese lange Einarbeitungsphase in den Gutachter- und Beratermarkt ist mit ein Grund, warum sich ein Hochschulabsolvent nicht sofort als Freiberufler selbständig machen sollte. Gerade ihm fehlen nicht nur die Erfahrungen und Kundenkontakte, er hat auch keine hilfreiche Unterstützung von Arbeitskollegen zur Seite.

Ständige Weiterbildung ist ebenso eine Grundvoraussetzung, die Tätigkeit eines freiberuflichen Geowissenschaftlers ausüben zu können. Nicht nur die jeweiligen Gesetze, wie z.B. Umwelt- und Abfallgesetze, ändern sich in immer kürzeren Zeitabständen, auch der Stand der Technik wird laufend verbessert. Als Gutachter muss man stets auf dem neuesten Stand sein. Lehrgänge, Seminare und Kongresse werden von vielen Aus- und Weiterbildungseinrichtungen regelmäßig angeboten. Der Besuch von drei bis fünf solcher Veranstaltungen im Jahr gehört zu den Verpflichtungen eines Freiberuflers. Bei Geobüros ist die Weiterbildungspflicht heute zum größten Teil im Qualitätsmanagement vorgeschrieben, der Teilnahmenachweis muss bei den regelmäßigen externen Audits zwingend vorgelegt werden.

Berufsständische Vertretung

In den „klassischen Freiberufen" hat eine berufsständische Vertretung eine lange Tradition. Sie ist für einige Freiberufe sogar zur Berufsausübung verpflichtend, wie z.B. die Mitgliedschaft in Ingenieur- und Architektenkammern. Da die geowissenschaftlichen Freiberufe erst nach dem 2. Weltkrieg nur langsam zunehmend an Bedeutung gewinnen, existierten bis in die 1980er Jahre keine berufsständigen Vertretungen. Die Mitgliedschaften in den traditionellen geowissenschaftlichen Gesellschaften können diesen Anspruch nicht erfüllen. Gerade die starke Zunahme der Freiberufler und das Entstehen der ersten eigenständigen Geobüros in den 1980er Jahren führte 1984 zur Gründung des Berufsverbands für Geologen, Mineralogen und Geophysiker. Obwohl dieser Verband keine verpflichtenden Regeln wie die Ingenieur- und Architektenkammern aufstellt, erfüllt er dennoch die Ansprüche an eine berufsständische Vertretung für alle Geowissenschaftler, und zwar für alle Berufsgruppen mit geowissenschaftlichem Hintergrund. In logischer Konsequenz führt der Verband heute die Bezeichnung „Berufsverband Deutscher Geowissenschaftler" (BDG e.V.).

In Analogie zu den von den Ingenieurkammern ausgegebenen Titeln „Beratender Ingenieur" hat der BDG e.V. im Jahr 2001 den Titel des „Beratenden Geowissenschaftlers" ins Leben gerufen. Seither haben sich mehr als 180 freiberuflich tätige Geowissenschaftler um das Führen dieses Titels erfolgreich beworben. Er soll dazu beitragen, das Ansehen des Geowissenschaftlers in der Öffentlichkeit, aber vor allem bei seinen Kunden und Auftraggebern zu stärken. Mit dem Erwerb verpflichtet sich der Beratende Geowissenschaftler zur Einhaltung eines „Ehrenkodexes" sowie zur ständigen Weiter- und Fortbildung.

Beratender Geowissenschaftler

Trotz intensiver Aus- und Weiterbildung und verantwortungsbewusstem Handeln wird es nie auszuschließen sein, dass ein freiberuflicher Gutachter oder ein Geobüro mit Schadensfällen konfrontiert wird. Eine Verwicklung in Haftungsansprüche muss dabei nicht zwangsläufig auf ein persönliches Verschulden im Sinne einer Fehlberatung zurückgeführt werden; sehr oft lässt sich bei Bauschäden eine Einbeziehung in einen Rechtsstreit im Rahmen von Streitverkündigungen nicht vermeiden. Ohne eine vernünftige Absicherung durch eine ausreichende Haftpflichtversicherung kann dies – vor allem für die mit ihrem Privatvermögen haftenden Freiberufler – Existenz bedrohende Folgen haben. Darüber hinaus wird bei öffentlichen Aufträgen und Großaufträgen von Firmen in aller Regel der Nachweis einer ausreichenden Firmenhaftpflichtversicherung verlangt.

Haftung

Die Kosten einer Haftpflichtversicherung sind nicht nur von Versicherungsgesellschaft zu Versicherungsgesellschaft verschieden, sie hängen auch vom Jahreshonorarumsatz und von den Risikoklassen der bearbeiteten Themenfelder ab. Zurzeit bewegen sie sich bei Honorarumsätzen zwischen 100 000 bis 1 Million € zwischen 1000 und 10 000 € pro Jahr.

Für Freiberufler und Mitarbeiter in Geobüros existieren keine verbindlichen Tarifvereinbarungen und gewerkschaftlich geforderten Mindestentlohnungen. Insofern können auch kaum Angaben über die zu erwartenden Verdienste gemacht werden. Für Freiberufler sind der erzielte Jahresumsatz, die anfallenden Fremdkosten und der daraus letztlich resultierende Gewinn das Maß aller Dinge. Zu Beginn einer solchen Karriere bzw. nach Gründung eines neuen Geobüros müssen sicherlich für einige Jahre „kleinere Brötchen" gebacken werden. Ist die Einführung auf dem „Geomarkt" gelungen, ist durchaus ein zufriedenstellendes Einkommen zu erwarten. Die Abschätzung der finanziellen Situation für Mitarbeiter von Geobüros ist schwieriger, da sie nicht nur von der Auftragslage und Konjunktur, sondern auch von regionalen Unterschieden abhängig ist. Die Durchschnittseinstiegsgehälter für Absolventen auf Diplom- oder Masterebene liegen etwa bei einem Bruttojahresgehalt zwischen 30 000 und 35 000 €, für erfahrene Angestellte mit mehr als fünf Jahren Berufserfahrung etwa zwischen 40 000 und 60 000 €. In geschäftsführenden Positionen sind durchaus Jahresgehälter bis zu 100 000 € und mehr üblich. Einstiegsgehälter für Bachelorabsolventen liegen in jedem Fall unter denen der Masterabsolventen, jedoch über den Technikerlöhnen.

Verdienstmöglichkeiten

1.3.2 Industrie und Wirtschaft

(Markus Rosenberg, Köln)

Die Einsatzbereiche von Geowissenschaftlern in Industrie und Wirtschaft sind so mannigfaltig, dass sie nicht Gegenstand einer einfachen abschließenden Auflistung sein können. Dass die Geowissenschaftler in der Industrie und Wirtschaft ihren Platz gefunden haben und verstärkt nachgefragt werden, spiegelt sich auch in der Hochschullandschaft wider, in der bei den aktuellen Ausgestaltungen von Bachelor- und Masterstudiengängen immer mehr die angewandten Geowissenschaften in den Vordergrund treten. Hierbei werden aber auch betriebswirtschaftliches und juristisches Wissen vermittelt sowie die persönlichen Softskills gefordert und gefördert. Aktuelle Akkreditierungsverfahren bei den Angewandten Geowissenschaften benennen z.B. Georessourcenmanagement und Rohstoffgeowissenschaften als Studieninhalte. Diese Studieninhalte sind durchweg geeignet, die Erwartungen der Industrie und Wirtschaft nach wissenschaftlichem Nachwuchs zu erfüllen. Die Vielzahl der Studiengänge spiegelt die große Anzahl der Einsatzbereiche aber nur ansatzweise wider.

Eine grobe Einteilung der möglichen Einsatzbereiche für Geowissenschaftler kann in die Bereiche Rohstoffe, Energie, Bau, Entsorgung, Consulting, Service sowie in Umwelt und Verkehr vorgenommen werden. Alle diese Bereiche sind miteinander und mit den übergeordneten Feldern wie Geobüros, Freiberuflern und Forschungseinrichtungen verwoben, so dass eine Einordnung in Industrie und Wirtschaft eher von den Faktoren Größe und/oder der Eigentümerstruktur der Unternehmen abhängt.

Die nachfolgende Tabelle kann daher nur einen groben Überblick über die Industrie- und Wirtschaftszweige vermitteln:

Tab. 2: Mögliche Einsatzbereiche für Geowissenschaftler.

Rohstoffe/Energie	Bau-/Entsorgung	Consulting/Service	Umwelt/Verkehr
Erdöl-/Erdgasindustrie	Erd- und Grundbaufirmen	Beratungsunternehmen	Sanierungsbranche
Steinkohlenbergbau	Tunnelbaufirmen	Ingenieur-/Plaunungsbüros	Umweltschutzbranche
Braunkohlenbergbau	Spezialtiefbaufirmen	Wertermittler	Wasserversorger
Kali- und Salzbergbau	Rückbaufirmen	Forschungsinstitute	Recyclingindustrie
Erzgewinnung/-verarbeitung	Bohr-/Förder-/Aufbereitungstechnikfirmen	Patentanwälte	Laboratorien
Steine- und Erden-Industrie Sand-/Kiesgewinnung	Deponiebaufirmen	IV-Technologiefirmen	Deponiebetreiber

Tab. 2: Fortsetzung.

Rohstoffe/Energie	Bau-/Entsorgung	Consulting/Service	Umwelt/Verkehr
Schotterwerke	Entsorgungsfirmen	Medienschaffende	Verkehrswegebau
Zementindustrie	Sekundärrohstofffirmen	Banken	Hafenbetriebe
Glasindustrie	Wirtschafts-/Industrieverbände	Versicherungen	Flughafengesellschaften
Keramik-/Feuerfestindustrie	...	...	Stadtwerke
Schieferbergbaufirmen			Umweltschutzorganisationen
Energie- und Wasserversorgungs-unternehmen			Standorte von Großindustrieanlagen (Autofabriken, Standorte der chemischen Industrie)
Stadtwerke			...
Wirtschafts-/Industrieverbände			

Einblick in die Steine- und Erden-Industrie

Aufgabenbereich

Riesige Tagebaue, monströse Maschinen, Lärm, Staub, Dreck ... und am Rande des Abbaubetriebs schwitzt oder friert ein Geowissenschaftler in einem Baucontainer über seinen Abbauplänen und Bohrkarten. So oder so ähnlich stellt man sich das Arbeitsumfeld eines Geowissenschaftlers in der Steine- und Erdenindustrie und im Braunkohlentagebau vor. Dass Geowissenschaftler teilweise direkt in Abbaunähe arbeiten, kommt zwar gelegentlich vor, überwiegend befassen sie sich jedoch mit dem Auffinden und Erkunden von Rohstoffen (Kohlen, Steine und Erden, wie Kies, Sand, Ton, Kalk, Gips, Salz, Baustein etc.) auch in bisher unberührten Gebieten. Geowissenschaftler erkunden und bewerten Rohstoffvorkommen auf ihre Qualität, Ergiebigkeit und Abbauwürdigkeit. Ist das Vorkommen abbauwürdig, so muss die Lagerstätte genauestens untersucht werden. Hierfür müssen z.B. Bohrungen ausgeschrieben, organisiert und geophysikalisch untersucht werden. Die Lagerstätte muss geologisch kartiert werden. Der Geowissenschaftler muss das Genehmigungsverfahren mit den Behörden abwickeln und hierbei auch externe Gutachten zur Geologie, Hydrogeologie, Ingenieurgeologie, Abbauplanung, Klima, Boden, Vegetation, Naturschutz, Bodenschutz, Abfall und Baugrund prüfen. Später übernehmen Geowissenschaftler auch die Bauleitung und planen den Abbau (zusammen mit Ingenieuren). Mineralogen überprüfen im Labor die Reinheit und Qualität des Rohstoffes. Während die Steine- und Erdenindustrie derzeit noch expandiert und auch der Braunkohlen-Tagebau sich noch wirtschaftlich durchführen lässt, sieht der staatlich subventionierte Steinkohlenabbau in Deutschland seinem Ende entgegen.

Einstellungsvoraussetzungen

Für eine Tätigkeit als Geowissenschaftler in der Rohstoffsicherung ist der Master/das Diplom Einstellungsvoraussetzung, eine Promotion kann von Vorteil sein. Allerdings haben viele Betriebe bei Berufsanfängern ein Einstellungshöchstalter von unter 30 Jahren. Das gilt auch bei einer Promotion, die nicht länger als 3 Jahre dauern sollte.

Wer später im Bereich Rohstoffsicherung tätig sein möchte, sollte in jedem Fall während des Studiums ein 4- bis 8-wöchiges Praktikum in der Branche absolviert haben. Eine Masterthesis in Zusammenarbeit mit einem Industriebetrieb ist für eine spätere Einstellung von Vorteil. Wegen der regen Außendiensttätigkeit (z.T. bis zu 40 % der Arbeitszeit), häufig auch im Ausland, sind zumindest gute Kenntnisse in Englisch, besser noch in weiteren gängigen sowie exotischen Fremdsprachen (z.B. Französisch, Spanisch, Russisch, Chinesisch) notwendig.

Kenntnisse im Bereich der Lagerstättengeologie, Sedimentologie, Strukturgeologie und Allgemeinen Geologie sind notwendig. Daneben sind Kenntnisse in geophysikalischer Erkundung (Seismik, Sonartechnik) und Angewandter Geologie (Hydro- und Ingenieurgeologie), zum Teil auch in Mineralogie erwünscht. Zusatzkenntnisse in Betriebswirtschaft, oft auch in Recht (Bundesberggesetz, Baurecht, Wasserrecht, Umweltrecht) und im Verwaltungsverfahrensrecht sind von Vorteil.

Gute Kenntnisse in Geochemie und Physik sowie die Bereitschaft zur Einarbeitung in Außerfachliches sind zu empfehlen. Neben dem MS-Office-Paket sollten dreidimensionale Modellierungsprogramme und am besten GIS beherrscht werden. Persönlich sollten Organisationstalent, Teamfähigkeit, Selbständigkeit und Entscheidungsfähigkeit zu den Softskills gehören. Eine hohe psychische und physische Belastbarkeit sowie Kommunikationsfähigkeit und Ausdauer sind notwendige Voraussetzungen.

Tätigkeit bei Stadtwerken

Je nach Größe und Struktur des Unternehmens können sehr verschiedene Einsatzbereiche im Vordergrund stehen. Bei Stadtwerken stehen hydrogeologische Fragestellungen an, die von der Erkundung und Bilanzierung des Einzugsgebiets, der Wasserqualität auch im Hinblick auf anthropogene Verunreinigungen, der jahreszeitlich variablen Fördermengen bis hin zu den wasserrechtlichen Genehmigungsverfahren reichen. Bei Unternehmen mit großem Immobilienbestand, z.B. aufgrund von eigenen Energieerzeugungsanlagen, bearbeiten Geowissenschaftler meist die Altlastenfragestellungen sowie die Themen Baugrund und Rückbau von Gebäuden und Anlagen.

Auch die übergeordneten Umweltschutzthemen, wie Immissionsschutz, Ökokonto, Boden- und Grundwasserschutz allgemein bis hin zur Qualitätssicherung im Umweltbereich werden durch Geowissenschaftler aufgrund ihrer interdisziplinären Kompetenz bearbeitet.

Einsatzbereiche

Für eine Tätigkeit als Geowissenschaftler in Stadtwerken und ähnlichen Einrichtungen ist der Masterabschluss eine gute Ausgangslage. Dies liegt auch darin begründet, dass Geowissenschaftler in diesen Unternehmen einen besonderen, gewissermaßen „exotischen" Aufgabenbereich haben, der in hohem Maße eigenverantwortliches Arbeiten fordert und auch mit Führungsaufgaben verbunden sein kann. Für diese Aufgaben wurden in der Vergangenheit Absolventen mit Diplom eingesetzt. Hier wird in der nächsten Zeit ein Umdenken bei den Personalverantwortlichen dazu führen, dass weitere Aufgabenbereiche für Bachelorabsolventen strukturiert und angeboten werden. Eine Promotion führt nicht automatisch zu einer höheren Akzeptanz oder einem höherem Einkommen. Das berufliche Fortkommen hängt auch von den persönlichen Softskills ab. Die fachliche Grundausbildung muss im Unternehmen auf die spezifischen Aufgabenstellungen ausgerichtet und weiterentwickelt werden.

Geowissenschaftler als Exot

Abschätzung und Bewertung von Georisiken in der Versicherungswirtschaft

(Dirk Hollnack, München)

Die Abschätzung von Risiken gehört zum Kerngeschäft der Versicherungswirtschaft, wobei Georisiken traditionell eine bedeutende Rolle spielen. Im Fokus stehen dabei vor allem die Gefahren Erdbeben, Sturm, Überschwemmung und Hagel. Seit den 1970er Jahren werden zur Abschätzung der Schadenspotentiale durch Naturgefahren verstärkt probabilistische Modelle eingesetzt, an deren Entwicklung Geowissenschaftler unterschiedlichster Fachbereiche mitarbeiten. Die großen Unternehmen in der Versicherungsbranche, wobei hier Rückversicherungsmakler, Erst- und Rückversicherer gemeint sind, haben eigene Naturgefahrenabteilungen, in denen derartige Modelle entwickelt werden. Daneben gibt es eine recht überschaubare Anzahl von Firmen, die Risikomodelle für die Versicherungswirtschaft erstellen, wobei nur die drei größten RMS, EQECAT und AIR weltweit agieren.

Zudem gibt es eine Reihe von Versicherungssparten, in denen Geowissenschaftler sowohl zur Risikoeinschätzung als auch für die Entwicklung neuer Versicherungsprodukte benötigt werden. Hierzu gehören unter anderem Umwelthaftpflicht, Wetterderivate, Versicherung von Ölplattformen, Fündigkeitsversicherungen für geothermische Bohrungen und Versicherungen großer Bauprojekte wie Straßen, Tunnel und Brücken. Ein weiteres großes Beschäftigungsfeld für Geowissenschaftler sind geographische Informationssysteme (GIS), die in vielen Bereichen der Versicherungswirtschaft verwendet werden. Darüber hinaus beteiligen sich Versicherungsunternehmen häufig an geowissenschaftlichen Forschungsprojekten, um die Risikobewertung auf dem neuesten Stand der Wissenschaft durchführen zu können, aber auch um neue Versicherungslösungen zu entwickeln, zum Beispiel für die Folgen des Klimawandels.

Die Versicherungswirtschaft benötigt also ein breites Spektrum an geowissenschaftlichem Fachwissen und somit ist diese Branche ein interessanter Arbeitgeber für Geologen, Geophysikern, Geographen und Meteorologen.

Rohstoffexploration

(Friedrich-Karl Bandelow, Schermbeck)

Unter dem Begriff „Bergbau" werden hier alle Aktivitäten der Vor- bis Nachbereitung der Gewinnung von mineralischen und Energierohstoffen zusammengefasst; dies beinhaltet: Prospektion, Exploration, Erschließung, Gewinnung, Aufbereitung, Stilllegung und Rekultivierung. Internationaler Bergbau findet außerhalb der Staatsgrenzen Deutschlands statt.

Entwicklung der Exploration

Bis in die 1980er Jahre waren zahlreiche deutsche Unternehmen im internationalen Bergbau tätig, um sich in Deutschland nicht vorhandene oder nicht wirtschaftlich gewinnbare Rohstoffe für die Weiterverarbeitung zu sichern (Chemie, Stahl, Uran u.v.m.) und um Handel mit Rohstoffen zu betreiben. Mit der Globalisierung der Märkte auf der Basis von internationalen Handelsabkommen schien die Versorgungssicherheit für Rohstoffe garantiert zu sein, und fast alle deutschen Unternehmen gaben ihre Bergbauaktivitäten auf und kauften ihre Rohstoffe am Markt. Erst in jüngerer Zeit ist wieder ein anwachsendes Engagement deutscher Unternehmen zu beobachten. Treiber dieses neuerlichen Trends sind die stark gestiegenen Rohstoffpreise, aber auch die leichte Verknappung von bestimmten Rohstoffen wie Seltene Erden oder auch Kohle. Rohstoffsicherung ist auch auf politischer Ebene wieder zu einem aktuellen Thema geworden.

Deutsche Geologen im internationalen Bergbau sind infolge des bisher geringen Engagements heimischer Firmen meist bei internationalen Bergbaubetreibern oder im Rahmen von Beratungsleistungen bei deutschen Consultants für internationale Auftraggeber angestellt. Beide Formen der Anstellung haben große fachliche Schnittmengen; während Letzterer jedoch nach Abschluss eines Projekts an seine „Homebase" zurückkehrt, muss sich Ersterer für ein (Berufs-)Leben im Ausland entscheiden.

Bergbau und besonders die Explorationsaktivitäten haben in den vergangenen Jahren weltweit stark zugenommen und der Bedarf an Geologen ist dadurch deutlich gewachsen. Deutsche Geologen mit fundierten Auslandserfahrungen sind selten, denn es war lange Zeit fast unmöglich, bei deutschen Unternehmen Auslandserfahrungen zu sammeln. Dabei suchen ausländische Bergbaufirmen (z.B. in Australien) ständig nach qualifizierten Geologen.

Aufgaben und Anforderungen

Geologen fast aller Fachgebiete finden Aufgaben im internationalen Bergbau. Je näher der Geologe an der Produktion eingesetzt wird, desto spezialisierter wird er sich ausrichten müssen. In der Prospektion und Exploration hingegen ist eine breite fachliche Ausrichtung günstiger, denn hier arbeiten Geologen häufig in kleinen Fachteams und stärker auf sich gestellt. Neben klassischer Kartiererfahrung sind Kenntnisse in der Fernerkundung, Geophysik, Geochemie, Petrologie und ggf. Paläontologie gefragt. Geologen im Gewinnungsbetrieb beschäftigen sich nicht nur mit dem Rohstoff, sondern auch mit Geotechnik, Hydrogeologie, Geodäsie und wachsen dabei in Aufgaben hinein, die sonst von Ingenieuren erledigt werden.

Hervorzuheben ist, dass die die computergestützte 3D-Modellierung von Lagerstätten zur Bestimmung der Ressourcen aber auch als Basis für die bergtechnische Planung und Steuerung stark an Bedeutung gewonnen hat. Darüber hinaus sind Geologen begehrt, die einen professionellen Titel wie „European Geologist" (oder AIPG, CCPG, AusIMM) führen und dadurch als akkreditierte „Competent/Qualified Person" agieren können. Ihre unabhängigen Bewertungen der Ressourcen und Reserven sind von Bergbau-Aktiengesellschaften regelmäßig als Nachweis ihrer Aktiva vorzulegen.

Vor dem Hintergrund des breiten Spektrums möglicher Aufgaben gibt es kein allgemeines, fachliches und persönliches Anforderungsprofil für Geologen im internationalen Bergbau. Die persönlichen Anforderungen sind bestimmt durch die jeweiligen Verhältnisse am Einsatzort – möglicherweise im Urwald oder in der Wüste – oder durch die soziale und kulturelle Situation im Einsatzland. Von großer Bedeutung ist ein überdurchschnittliches Interesse an fremden Welten, Kulturen, Sprachen und fachlichen Herausforderungen. Körperliche Fitness und eine robuste seelische Konstitution sind unabdingbar. (Der internationale Geologe lernt einerseits viele Menschen kennen und muss sich entsprechend anpassen; andererseits erlebt er ständig Trennungen.) Besonders der Explorationsgeologe muss weit über die fachliche Kompetenz hinaus praktische Fähigkeiten aufweisen, Talent für Organisation und Logistik besitzen und Führungsqualitäten haben.

Technische Mineralogie

(Ralf Diedel, Höhr-Grenzhausen)

Die Einsatzgebiete der Technischen Mineralogie in der Industrie sind weit gefächert und decken das Spektrum von der Glas-, Keramik- und Feuerfestindustrie über die Baustoffbranche bis zu den Werkstoffwissenschaften ab. Dabei bietet wiederum jede dieser Branchen selbst die unterschiedlichsten Möglichkeiten. Beispielsweise weist die Keramikbranche eine extreme Vielfalt auf, die von der Produktentwicklung auf der Basis natürlicher Rohstoffe (Tone, Kaoline, Kalk und Feldspäte für Sanitär- und Geschirrkeramik, Fliesen, Dachziegel, Isolatoren, Katalysatoren) über die Nutzung für Sonderprodukte wie Absorber, Filter, Füllstoffe und Dichtungsmaterialien (Bentonite, Calcite) bis zur Verarbeitung synthetischer Rohstoffe wie Aluminium- und Zirkonoxide, Bariumtitanate, Silziumcarbide und -nitride für den Automobil-, Anlagen- und Maschinenbau sowie für die Medizintechnik reicht (Dentalkeramik, künstliche Hüft- und Kniegelenke, Bandscheiben und Knochenersatzwerkstoffe). *Einsatzgebiete*

Der Aufgabenbereich der Mineralogen umfasst dabei i.W. die Werkstoffentwicklung und die Verbesserung von Verfahrenstechnologien sowie die Leitung von Produktions- oder F+E-Laboratorien. Benötigt werden die speziellen Kenntnisse der Mineralogen auf den Gebieten der Rohstoffanalytik, *Aufgabenbereiche* insbesondere den Nachweis der Mineralphasen sowie der Haupt-, Neben- und Spurenelemente und deren Wechselwirkungen auf Verarbeitungs- und Produkteigenschaften in unterschiedlichen Milieus (wässrig, alkoholisch; abhängig von Druck, Temperatur und Zeit) sowie das Verständnis von Phasengleichgewichten. Die Mineralogen arbeiten diesbezüglich in Entwicklungsteams mit Spezialisten aus der Produktions- und Verfahrenstechnik, der Chemie und der Physik zusammen. Arbeitgeber sind die Unternehmen der o.g. Branchen, aber auch werkstofffokussierte Institute der Grundlagenforschung (Universitäten, Helmholtz- und Leibnizinstitute) und der angewandten, industrienahen Forschung (Fraunhofergesellschaft, Landes- und Verbandsinstitute der industriellen Gemeinschaftsforschung).

1.3.3 Geowissenschaftler/innen in Ämtern und Behörden

(Manuel Lapp, Freiberg)

Geowissenschaftler sind aufgrund der Anforderungen und ihres weitreichenden und komplexen Tätigkeitsspektrums in vielen Bereichen und Ebenen der öffentlichen Verwaltung vertreten. Vorrangig arbeiten sie in den Staatlichen Geologischen Landesdiensten (SGD), dem Dienst des Bundes (BGR – Bundesanstalt für Geowissenschaften und Rohstoffe), Ministerien, Kommunal- und Regionalverwaltungen, aber auch in Sonder- und Fachbehörden wie z.B. der Bergverwaltung und Museen.

Aufgaben von Geowissenschaftlern in den Staatlichen Geologischen Diensten (SGD)

Staat, Wissenschaft und Gesellschaft sind in immer stärkerem Umfang auf landesweit verfügbare, umfassende, zuverlässige und schnell zugängliche Geo-Grundlageninformationen angewiesen. Die Aufgabe der in den Staatlichen Geologischen Diensten beschäftigten Geowissenschaftler besteht darin, durch einen hohen geologischen Kenntnisstand dazu beizutragen, jederzeit Auskunft über den Untergrund geben zu können.

Ganz unten:
Man sieht kaum etwas von der „Parallelwelt" unter unseren Füßen. Vielleicht gehen die Menschen deshalb vergleichsweise sorglos mit dem Untergrund um. Gleichzeitig werden aber vielfältige Nutzungsanforderungen an den Untergrund gestellt: Er dient uns als Quelle von Rohstoffen und geothermischer Energie, er liefert einen Großteil unseres Trinkwassers, er bildet den Baugrund für Gebäude, Brücken und Tunnel, er soll Speicherkapazitäten für Gas und Öl bereitstellen und schwer handhabbare Reststoffe wie Chemieabfälle oder Atommüll sicher aufnehmen und verwahren. Auch die dauerhafte Verbringung von Kohlendioxid zählt neuerdings zum Forderungskatalog. Jede dieser Aufgaben ist ein komplexer Eingriff in den Untergrund und lässt sich nur bei genauer Kenntnis der dort vorhandenen Gesteine und Strukturen und der Wirkungen, die durch technische

Einsatzbereiche

> Eingriffe hervorgerufen werden, einigermaßen sicher realisieren. Erst Katastrophen wie beispielsweise der Einsturz des Kölner Stadtarchivs oder die Flutkatastrophe 2002 in Sachsen führen uns die Bedeutung geowissenschaftlicher Fachinformation und der Daseinsvorsorge vor Augen.
>
> Ein Beispiel, welche immensen Folgekosten entstehen können, wenn geologische Gegebenheiten unzureichend beachtet werden, sind mehrere im Herbst 2007 im Zentrum der südbadischen Stadt Staufen niedergebrachten Geothermiebohrungen. An der Grenze zwischen Oberrheingraben und Schwarzwald hatte man durch Bohrungen unter Druck stehendes Grundwasser aus über 100 m Tiefe mit Anhydridhorizonten des Keupers verbunden und nicht ausreichend gegeneinander abgedichtet. Anhydrid (Kalziumsulfat) nimmt Wasser auf, wird zu Gips und dehnt sich dabei auf ein Mehrfaches seines Volumens aus. Das historische Stadtzentrum hob sich daraufhin mit einer Geschwindigkeit von bis zu einem Zentimeter pro Monat, verbunden mit immensen Schäden an der größtenteils historischen Bausubstanz.

Die meisten Geowissenschaftler in der öffentlichen Verwaltung arbeiten in den staatlichen Geologischen Diensten (SGD). Diese sind die zentrale geowissenschaftliche Fachbehörde für die wissenschaftlich fundierte, flächendeckende Datenerhebung. Sie stehen für eine neutrale Bewertung und anwenderbezogene Verfügbarmachung der Fachinformationen über den Zustand, die Eigenschaften und die Veränderung der verschiedenen Kompartimente (Gesteine, Böden, Grundwasser) der oberen Erdkruste. Das Aufgabenspektrum ist aufgrund unterschiedlicher Prioritäten des jeweiligen Bundeslandes nicht in jedem Geologischem Dienst deckungsgleich.

Haupteinsatzbereich

In den Geologischen Diensten lassen sich vereinfacht drei Schwerpunkaufgaben unterteilen, die Schnittstellen und gegenseitige Abhängigkeiten aufweisen (Abb. 13):

Geowissenschaftliche Landesaufnahme – Grundlage für die nachhaltige Bewirtschaftung des Untergrundes

Die geowissenschaftliche Landesaufnahme, die häufig als integrierte Aufgabe mehrerer Fachgebiete durchgeführt wird, ist nach wie vor die Kernkompetenz der geologischen Dienste. Aufgabe des kartierenden Geologen ist es, die gewonnenen Daten zu einem schlüssigen, dreidimensionalen Bild vom Aufbau des Bodens und des Gesteinsuntergrundes zusammenzustellen. Dafür stehen ihm neben Oberflächeninformationen auch Aussagen über den Schichtaufbau in der Tiefe zur Verfügung. Neben Grabungen und Bohrungen können dies auch geophysikalische Messverfahren sein.

Auf dieser Grundlage aufbauend können weitere kartographische Darstellungen erstellt werden, wie z.B. bodenkundliche oder hydrogeologische Kartenwerke.

Mit der geologischen Landesaufnahme (Abb. 14) muss der verantwortliche Geowissenschaftler Grundlagen schaffen, auf denen jede Kenntnis über den Untergrund aufbaut. Im Ergebnis entstehen Datenbanken und Karten-

Einsatzbereiche von Geowissenschaftlern

Geowissenschaftliche Landesaufnahme/Labore

geologische, hydro-, ingenieur- und rohstoffgeologische Kartenwerke

Grundlage

Informationssysteme/ Landes-Bohrdatenbank/ Archive

Wissensbasis für interne und externe Nutzer

Grundlage

Wissenstransfer

fachtechnische Stellungnahmen und Gutachten für die öffentliche Hand, die Wirtschaft und die Gesellschaft

Anwendung

Abb. 13: Die drei Schwerpunktaufgaben der staatlichen geologischen Dienste.

Abb. 14: Kartierender Geowissenschaftler im Gelände.

darstellungen, die für die sach- und fachgerechte Beurteilung einer Vielzahl von Fragestellungen und Entscheidungen in Politik, Verwaltung und Wirtschaft Voraussetzung sind. Landesbezogene geowissenschaftliche Forschungen und Untersuchungen müssen nicht zwangsläufig vom geologischen

Dienst selbst durchgeführt werden, müssen aber als Bestandteil der Landesaufnahme von den Mitarbeitern der SGD koordiniert werden. Dazu ist ein hohes Maß an fachlicher und kommunikativer Kompetenz erforderlich.

Gefordert sind Kompetenzen im Bereich der Paläozoologie, Paläobotanik, Mineralogie-Petrologie, Gesteins- und Bodenphysik, Geochemie, Geophysik, Tektonik, Lagerstättenkunde, Fernerkundung, um nur die Wichtigsten zu nennen. Auf der Grundlage der Landesaufnahme können Anfragen (z.B. für Baugrundbeurteilungen oder zu Rohstoffvorkommen) im Rahmen der geowissenschaftlichen Beratung qualifiziert beantwortet werden. Die geologischen Dienste verfügen hierfür auch über eigene Labore, deren Betrieb auch durch Geowissenschaftler sichergestellt wird.

Kompetenzen gefordert

Trotz modernster Technik bei der Verarbeitung und Darstellung der erhobenen Daten, ist die regionale Kenntnis des Geowissenschaftlers Voraussetzung, dass aus den vielen Bohr- und Aufschlussdaten ein schlüssiges Gesamtbild des Untergrundes entsteht.

Die geologische Landesaufnahme dient den im Folgenden aufgeführten weitergehenden Aufgaben- und Fragestellungen. Der bearbeitende Geowissenschaftler sollte deshalb zumindest grobe Kenntnis dieser Themenbereiche haben:

- die Rohstoffsicherung,
- die Beurteilung des geothermischen Potenzials des Untergrundes,
- hydrogeologische Fragestellungen,
- die Beurteilung des Baugrundes, z.B. für die Gründung und den Schutz von Bauwerken,
- den Schutz des Bodens und des tieferen Untergrundes, Geotope,
- Planungsvorhaben: Vor allem Standortfragen und Trassenplanungen, lassen sich sicher und zielgerichteter konzipieren und nachfolgende Detailuntersuchungen effektiver gestalten,
- Minimierung und Verhinderung von Georisiken wie Massenbewegungen (Berg- und Felsstürze),
- die Bewertung und die Auswahl von Deponiestandorten und
- zahlreiche weitere Belange des Umweltschutzes und der Wirtschaft.

Im Ergebnis der Kartierung entstehen geologische-thematische Spezialkarten. Mit den darin dokumentierten Informationen und geologischer Fachkenntnis muss ermöglicht werden, Maßnahmen, die in den Untergrund eingreifen, sicherer, zielgerichteter und kostengünstiger zu planen und durchzuführen. Außerdem müssen Folgen bereits im Vorfeld abgeschätzt und so negative Auswirkungen verhindert werden. Der Mitarbeiter im staatlichen geologischen Dienst ist im Idealfall der Mittler zwischen Wissenschaft und Anwendung.

Geologischer Dienst: Mittler zwischen Wissenschaft und Anwendung

> Ziel der geologischen Kartierung ist die übersichtliche und integrierte Darstellung der wichtigsten geowissenschaftlichen Fakten, Parameter und Zusammenhänge einschließlich ihrer DV-gerechten Dokumentation, nicht jedoch letzte Detailgenauigkeit und wissenschaftlicher Perfektionismus. Es ist nicht Aufgabe der geologischen Kartierung, grundsätzliche geowissenschaftliche Probleme aufzuklären. In solchen Fällen ist

> die Entscheidungsbereitschaft des kartierenden Geologen für pragmatische Lösungen gefordert. (Ad-Hoc-Arbeitsgruppe Geologie 2002)

Lösung von Interessenskonflikten

Fragestellungen nach dem Speicherpotenzial des Untergrundes werden möglicherweise stark an Bedeutung gewinnen. Speicherpotential wird benötigt zur CO_2-Deponierung, als Erdgaszwischenspeicher oder denkbar auch zur Zwischenspeicherung von Wasserstoff als Energieträger der Zukunft. Dies allerdings stünde Nutzungsabsichten des geothermischen Untergrundpotentials durch Geothermiebohrungen möglicherweise entgegen. Hier können die geologischen Dienste als unabhängige Stelle z.B. durch die Erstellung von speziellen Untergrundkatastern zum Ausgleich bei Interessenskonflikten beitragen.

Träger öffentlicher Belange: Geowissenschaftliche Beratungen, Gutachten, Fachstellungnahmen im öffentlichen Interesse

Dienst der Allgemeinheit

Nutzung und Schutz geologischer Naturräume und Ressourcen im Sinne der Daseinsvorsorge bedürfen eines speziellen Fachwissens als Entscheidungsgrundlage in Form von gesetzlich verankertem Wissenstransfer, Fachstellungnahmen und Überwachungen für unterschiedliche Verfahrensträger und Planverfahren. „Kunden" sind andere Behörden, die politischen Entscheidungsträger, Bürger und Unternehmen. Dem folgend wirken hauptsächlich Hydrogeologen, Ingenieurgeologen und Rohstoffgeologen auch hier als Mittler zwischen der geowissenschaftlichen Grundlagenerhebung und den vielfältigen Nutzern geologischer Ressourcen, die in der Regel keine Geowissenschaftler sind. Ohne diesen Wissenstransfer ist eine qualifizierte Landesplanung von der Rohstoffsicherung bis zur Sicherung der Trinkwasserversorgung nicht möglich. Geowissenschaftler wirken hier in geowissenschaftlichen Fachbehörden intensiv an öffentlichen Planvorhaben im Rahmen von wasser- und bergrechtlichen Verfahren, an der Landes-, Regional- und Bauleitplanung sowie an natur- und landschaftsschutzrechtlichen Planungen mit.

Im Einzelnen geht es um die folgenden Themengebiete, die individuell fall- und problembezogen bearbeitet werden:
- Bewertung, Sicherung und Schutz von Bodenschätzen (Baustoffe und Energie-Rohstoffe!) als nicht erneuerbare und neu zu erschließende Ressourcen,
- Bewertung des geothermischen Potentials und dessen nachhaltige Nutzung,
- Prüfung und Bewertung hydrogeologischer Fragestellungen einschließlich des Schutzes von Trink-, Heil- und Mineralwasservorkommen im Vollzug der EU-Wasserrahmenrichtlinie,
- Bewertung von Baugrundverhältnissen,
- Georisiken und deren geotechnische Bewertung und Dokumentation,
- Bereitstellung von Untergrundinformationen, einschließlich der geotechnischen / hydrogeologischen Sicherung von Deponiestandorten,
- Prüfung von Umweltverträglichkeit bei geplanten Vorhaben unterschiedlicher Art,

- Schutz geowissenschaftlicher Naturdenkmäler, Bereitstellung von Informationen für Natur- und Landschaftsschutzgebiete,
- Dokumentation von Erdbebenereignissen,
- Erhalt besonders schutzwürdiger Böden und Geotope.

Archiv- und Sammlungsbestände sowie Informationssysteme – „Wissenstransfer zum geologischen Untergrund"

Die Veröffentlichung von geowissenschaftlichen Karten, Daten, Berichten und Aufsätzen sowie das Anlegen und Führen von geowissenschaftlichen Informationssystemen (Abb. 15) bilden eine Grundlage geologischer Arbeit in den Landesdiensten. Die Gutachten und Ergebnisberichte zu den Themen Geologie, Boden, Baugrund, Grundwasser, Lagerstätten, Geophysik, Geochemie und Paläontologie werden in analogen und digitalen Archiven vorgehalten. Diese Arbeitsgrundlage wird ergänzt durch Archiv- und Sammlungsbestände in Form von digital recherchierbaren Proben wie z.B. Bohrkernen. Die Aufgabe der Geowissenschaftler besteht darin, diese in den Bundesländern flächendeckend vorgehaltene Wissensbasis kontinuierlich zu pflegen und damit für Öffentlichkeit, Fachbehörden, Wirtschaft und Universitäten verfügbar zu machen.

Wissensmanagement

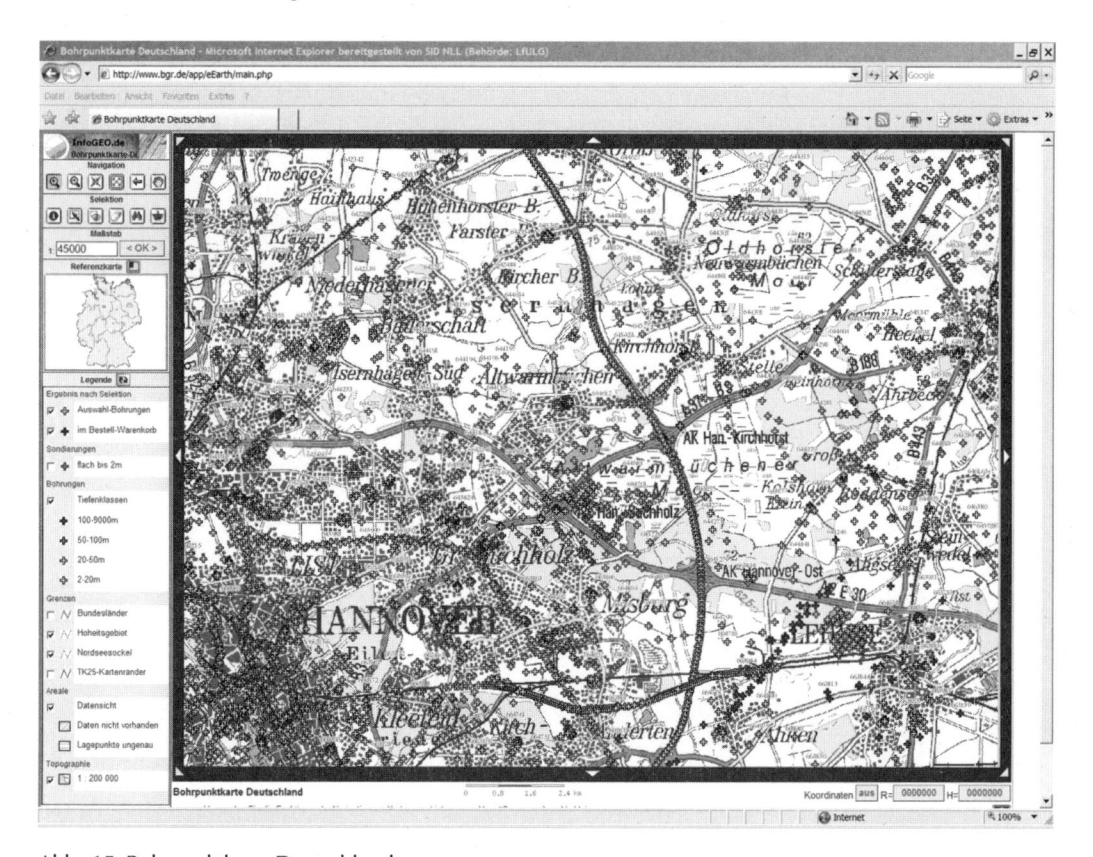

Abb. 15: Bohrpunktkarte Deutschland.

Einsatzbereiche von Geowissenschaftlern

In den Landesbohrdatenbanken der Länder sind große Teile der Bestände (Grund-, Stamm- und Schichtdaten) digital verfügbar. Aufgabe ist es, neue Daten aufzunehmen, den Altdatenbestand zu pflegen sowie die Datenherausgabe zu gewährleisten.

Nach wie vor: Geowissenschaftliche Kartenwerke sind die Basis

Flächenbezogene Daten, d.h. insbesondere digitale geologische Karten und darauf basierende Produkte (Internet-Karten, Web-Dienste für Portale etc.), stellen sowohl immer stärker genutzte End-Produkte als auch Eingangsinformation für weiterführende Analysen, Auswertungen und Interpretationen dar.

Die Datenbestände bilden eine unverzichtbare Grundlage, um zeit-, personal- und kostengünstig auf Anfragen fachlich kompetent reagieren zu können, außerdem für die umfassende geowissenschaftliche Landesaufnahme und die sie begleitenden angewandten Aufgaben. Sie sind Voraussetzung für die sachbezogene objektive Wahrnehmung öffentlicher Belange in Behördenverfahren (z.B. Bauleitplanung), in der Raumordnung und Landesplanung, im Natur- und Landschaftsschutz und allen weiteren geowissenschaftlich relevanten Fragen von öffentlichem Interesse. Diese digitalen Datenbanken repräsentieren eine unschätzbare geistige und materielle Quelle für die Gesellschaft.

Bundesanstalt für Geowissenschaften und Rohstoffe (BGR)

Die Bundesanstalt für Geowissenschaften und Rohstoffe (BGR) ist die zentrale geowissenschaftliche Beratungseinrichtung der Bundesregierung und gehört zum Geschäftsbereich des Bundesministeriums für Wirtschaft und Technologie (BMWi). Als geowissenschaftliches Kompetenzzentrum berät und informiert sie die Bundesregierung und die deutsche Wirtschaft in allen geowissenschaftlichen und rohstoffwirtschaftlichen Fragen. Ihre Arbeit dient einer ökonomisch und ökologisch vertretbaren Nutzung und Sicherung natürlicher Ressourcen und somit der Daseinsvorsorge. Als geologischer Dienst von Deutschland nimmt die BGR überwiegend internationale Aufgaben wahr. Im Inland hat sie meist koordinierende Funktionen. Als Bundesoberbehörde ist die BGR Bestandteil der wissenschaftlich-technischen Infrastruktur Deutschlands.

In- und Ausland

Das Tätigkeitsprofil der BGR stellt sich im Einzelnen wie folgt dar:
- Rohstoffwirtschaftliche und geowissenschaftliche Beratung der Bundesregierung und der deutschen Wirtschaft.

Die BGR berät die Bundesregierung und die deutsche Wirtschaft in rohstoffwirtschaftlichen und geowissenschaftlichen Fragen. Dieser Aufgabenbereich wurde kürzlich durch die Gründung der Deutschen Rohstoffagentur (DERA) an der BGR gestärkt. Das dient der langfristigen Sicherung der Energie- und Rohstoffversorgung des Industriestandortes Deutschland sowie der Geosicherheit und dem nachhaltigen Georessourcenmanagement. Durch die Beteiligung der BGR am Aufbau von nationalen und internationalen Kartenwerken sowie an Standardisierungen für die Bereitstellung von Geofachdaten werden schnelle, einheitliche und länderübergreifende Abfragemöglichkeiten geschaffen.

Beratung in Rohstofffragen

- Internationale geowissenschaftliche und Technische Zusammenarbeit.

Einsatzbereiche

Die BGR ist eine der Durchführungsorganisationen der deutschen Entwicklungszusammenarbeit im Auftrag des Bundesministeriums für wirtschaftliche Zusammenarbeit und Entwicklung (BMZ). In den Sektoren Geologie, Rohstoffe und Bergbau, Energie, Grundwasser und Boden sowie Georisiken berät die BGR das BMZ und führt Projekte der Technischen Zusammenarbeit mit Entwicklungsländern durch. Die BGR beteiligt sich im Auftrag der Bundesressorts und in Abstimmung mit nationalen und internationalen geowissenschaftlichen Institutionen an der wissenschaftlich-technischen Zusammenarbeit sowie der europäischen und internationalen Kooperation im Geosektor.

Internationale Entwicklungszusammenarbeit

- Geowissenschaftliche Forschung und Entwicklung.

Die BGR betreibt die zur Beratung der Ressorts notwendige Zweck- und Vorlaufforschung. Sie bilden die Grundlage für die fachgerechte Aufgabenerfüllung der BGR und umfassen methodische und instrumentelle geowissenschaftliche Entwicklungsarbeiten und deren Umsetzung in die Praxis. Hierzu gehört auch die Beteiligung der BGR an Forschungsvorhaben im Rahmen des Antarktisvertrages zur Polarforschung. Auf dem Gebiet der internationalen Meeresforschung ist sie im Vorfeld industrieller Aktivitäten beteiligt. Die mittelfristige Forschungsplanung der BGR orientiert sich an einer Forschungsleitlinie und ist in Forschungs- und Entwicklungsplänen konkretisiert.

Forschung und Entwicklung international

Weitere Aufgabenfelder und damit Tätigkeitsbereiche sind:
- Die Bereitstellung eines Nationalen Datenzentrums zur Überwachung des Kernwaffenteststoppabkommens
- Geowissenschaftliche Erkundungen zur Endlagerstandortsuche für radioaktive Abfälle
- Grundwasser und Boden
- Unterirdischer Speicher- und Wirtschaftsraum (z.B. CO_2-Speicherung)
- Energierohstoffe
- Georisiken
- Geotechnik
- Meeres- und Polarforschung
- Mineralische Rohstoffe
- Seismologie
- Geologische Informationen (Geologische Karten), Geoinformationen.

Ministerien

Die Ministerien haben als oberste Ebene die Fachaufsicht über die nachgeordneten Behörden und geben für deren Arbeit die Richtung vor. „Nachgeordnet" sind die staatlichen Landesdienste, wie z.B. die Geologischen Dienste, aber auch die Fachbereiche in den Mittelbehörden oder die Fachbehörden der unteren Verwaltungsebene. Dabei müssen sie über Grundsatzfragen entscheiden. Aber auch überregionale- und internationale Fragen fallen in deren Zuständigkeitsbereich. Als Aufgabe keinesfalls zu unterschätzen ist die Pflege der Schnittstelle zur Politik. Die Komprimierung komplexer wissenschaftlicher Sachverhalte auf wenige, auch für Nichtfachleute verständliche Sätze darf nicht als „Populismus" abgetan werden,

Fachaufsicht

sondern sollte für jeden Wissenschaftler eine der vordringlichsten Aufgaben sein. Wenn es gelingt auch verantwortlichen Politikern die fachlichen Notwendigkeiten zu verdeutlichen, werden diese auch bereit sein, sich um Mehrheiten für die notwendigen Konsequenzen zu bemühen.

Kommunal- und Regionalverwaltungen

Schnittstelle In einzelnen Bundesländern sind Aufgaben der Geologischen Dienste, hier insbesondere aus dem Bereich geowissenschaftliche Beratungen, Gutachten, Fachstellungnahmen und Überwachungen, z.B. als Träger öffentlicher Belange auf die Kommunal- und Regionalverwaltungen übertragen worden, z.B. in Umwelt- oder Wasserwirtschaftsämtern. Große Verantwortung übernehmen Geowissenschaftler im Rahmen von Genehmigungsverfahren als sogenannte „amtliche Sachverständige" z.B. in wasserrechtlichen Genehmigungsverfahren (s. Kap. 1.2.3), wenn ihre „amtliche" Beurteilung den Ausschlag gibt. Die Arbeit erfolgt auch sehr nah am wirklichen Leben, wenn Anträge von Bürgern auf Grundlage geowissenschaftlicher Ergebnisse bewertet und ggf. Auflagen und Bedingungen erarbeitet werden. Hier wirkt der Geowissenschaftler sehr unmittelbar auf öffentliche und private Belange ein. Im Unterschied zur Arbeit in den Ministerien wird auf der unteren Ebene mehr tatsächlich geowissenschaftliche Arbeit gefordert, z.B. wenn eigene Bohrungen für Grundwasser-Erkundungsprogramme geplant, ausgeschrieben, als Bauaufsicht betreut und schließlich ausgewertet werden müssen.

Literatur

SGD 2004: Strategieerklärung der Staatlichen geologischen Dienste in Deutschland (SGD). Geol. Jb. G11; S. 23–31, Hannover.

AD-HOC-ARBEITSGRUPPE GEOLOGIE 2002: Geologische Kartieranleitung, Allgemeine Grundlagen. – Fachliche Redaktion: Schwarz, C.; Katzschmann, L. & Radzinski, K.-H., Geol. Jb. G9, S. 3–135, Hannover.

1.3.4 Einsatzbereiche in Hochschulen und Forschungseinrichtungen

(Helmut Heinisch, Halle/Saale)

Hochschulen

Zahl der Geo-Studiengänge gesunken Die Anzahl der Hochschulstandorte, an denen Studiengänge der Geologie, Mineralogie und Geophysik angeboten werden, ist in den letzten Jahren stark geschrumpft. Schuld sind politische Vorgaben und permanente Sparzwänge der öffentlichen Hand. Hinzu kommt eine gravierende Fehleinschätzung hinsichtlich der Bedeutung der Fächer Geologie, Mineralogie und Geophysik für die Gesellschaft und Daseinsvorsorge.

Von hochschulpolitischer Seite werden die Fächer Geologie, Mineralogie und Geophysik abwechselnd der Gruppe der „kleinen Fächer" zugeordnet oder wieder herausgenommen (HOCHSCHULREKTORENKONFERENZ, 2008). Hierbei scheinen in der Wahrnehmung der Hochschulpolitiker

Einsatzbereiche

„kleine Fächer" eher Bestandsschutz zu genießen als mittlere Fächer. Weiterhin wurden die Hochschulen zur sogenannten „Profilbildung" gezwungen, also Abschied vom Modell einer Voll-Universität zu nehmen.

Geowissenschaftliche Fächer waren in dieser Hinsicht generell stark gefährdet. Auch die sog. „Exzellenz-Initiative" führte unter dem Strich zu weiteren Kürzungen und Stellenstreichungen in den Geowissenschaften. Konkret bedeutete dies die Schließung mehrerer Geo-Standorte (u.a. Braunschweig, Marburg, Gießen, Stuttgart, Würzburg). Diese Schließungen erfolgten in der Regel völlig unabhängig davon, ob die Institute erfolgreich oder weniger erfolgreich in Forschung und Lehre agiert hatten.

Derzeit gibt es (Stand 2011) 28 Geowissenschaftliche Institute in Deutschland. Zur Begriffsbestimmung sei erläutert, dass hier die Geowissenschaften der festen Erde gemeint sind. Geographische Institute sind nicht mitgezählt, da innerhalb der Geographie Dissens herrscht, ob das Fach sich zu Geowissenschaften oder Gesellschaftswissenschaften zählen möchte. Gut erkennbar ist dieser Diskurs an Namensschöpfungen wie „Institut für Geographie und Geowissenschaften". Die Hochschul-Standorte mit Instituten, an denen Geologie, Mineralogie und Geophysik beheimatet sind, entnehme man der Liste in Kapitel 2.2 Angebot.

Die Anzahl der Professuren pro Institut schwankt erheblich. Nach Erhebungen des Berufsverbandes Deutscher Geowissenschaftler existieren etwa 350 Professuren (C3 + C4 sowie W2 + W3) für Geologie, Mineralogie und Geophysik in Deutschland. Enthalten sind auch Gebiete wie Planetologie, Archäometrie oder Klimaforschung, sofern sie Geowissenschaftlichen Instituten zugeordnet sind. Nicht mitgerechnet sind S- und Honorar-Professuren. Auch nicht enthalten sind Junior-Professuren (W1). Deren Zahl ist noch sehr gering (unter 10).

Innerhalb der nächsten 20 Jahre wird über die Hälfte der Professoren in Ruhestand gehen. Dies würde einen Bedarf von etwa 175 geowissenschaftlichen Professuren nach sich ziehen, falls die Politik die Pensionierungen nicht zu weiteren Stellenkürzungen nutzt.

zukünftige Aussichten

Allerdings befinden sich auch zahlreiche Dozenten in Warteposition, deren Chancen jedoch wegen zu hohen Alters immer geringer werden. Die Habilitation dürfte als Qualifikationsmerkmal weiterhin Bestand haben, ist jedoch nicht mehr verpflichtend und nimmt in ihrer Bedeutung ab. Reine Grundlagenforschung ohne direkten und möglichst zeitnahen Benefit für Wirtschaft und Politik erscheint in der heutigen Gesellschaft kaum mehr durchsetzbar. Entsprechend werden praxisnahe Forschungszweige bei der Denomination neuer Professuren an Bedeutung gewinnen. Somit werden die Praxiserfahrung und die Auslandstätigkeit zunehmend ausschlaggebend für eine erfolgreiche Bewerbung sein. Es fragt sich jedoch, ob die gewünschte Durchlässigkeit zwischen Wirtschaft und Hochschule angesichts der vergleichsweise bescheidenen Bezüge eines Hochschulprofessors größere Bedeutung gewinnen wird.

Die Situation bei den Dauerstellen als wissenschaftlicher Mitarbeiter ist analog einzuschätzen. Exakte Zahlen sind nicht bekannt, man kann aber von etwa 200 derartigen Stellen ausgehen, von denen nur etwa 50 % innerhalb der nächsten 20 Jahre nachbesetzt werden dürften.

hohe Fluktuation — Die Fluktuation auf Zeitstellen und Qualifikationsstellen (halbtags finanziert) ist enorm. Im Hochschulbereich werden somit jährlich mindestens 100 derartige Positionen frei. Entscheidend für die Auswahl sind die begleitenden Randbedingungen. Bei entsprechender Bereitschaft zum Wechsel von Standorten und Lebensumständen sind die Zeitstellen als Sprungbrett zum Karriere-Einstieg unausweichlich und absolut zu empfehlen.

Letztendlich kommt man bei der Einschätzung zukünftiger Entwicklungen an den Hochschulen immer wieder auf eine angemessene Finanzierung zurück. Für die Planung des Lebensweges sind jedoch die längerfristigen Perspektiven, etwa über 20 Jahre, wesentlich wichtiger als aktuelle Finanzmiseren. So gesehen kann angesichts der Alterspyramide bei den Hochschullehrern und Dauerstellen-Inhabern im Hochschuldienst die Aufnahme eines Geologie-, Mineralogie- oder Geophysik-Studiums mit dem Ziel einer Hochschul-Karriere momentan nachdrücklich empfohlen werden.

Die Frage einer geeigneten Vertiefungsrichtung und damit der Wahl eines spezifischen Hochschul-Standortes wird bewusst offengelassen. Hier hilft die aktuelle Übersichtstabelle des BDG, im Internet unter www.geoberuf.de.

Forschungseinrichtungen

Die Schwerpunktsetzung in der Forschung wird in der Regel aus dem Namen des Forschungsinstituts deutlich. Durch die hohe Flexibilität im Wandel ist auch hier vordringlich das Studium entsprechender Web-Seiten zu empfehlen. Der folgende Text gibt einen gewissen Überblick zum Stand der Forschungsprofile im Jahre 2011:

Helmholtz-Zentrum Potsdam, Deutsches GeoForschungsZentrum (GFZ)

Das GFZ erforscht als nationales Forschungszentrum für Geowissenschaften weltweit das „System Erde" mit den geologischen, physikalischen, chemischen und biologischen Prozessen, die im Erdinneren und an der Oberfläche ablaufen (gfz-potsdam.de).

Es hat (Stand 2011) 1082 Beschäftigte, darunter 375 Wissenschaftler und 125 Doktoranden. Mit einem Jahresetat von 76 Mio. € bearbeitet das GFZ ein sehr breites Spektrum von Forschungsthemen, von der Geodäsie bis zum Geoingenieurwesen. 25 Sektionen sind in folgenden fünf Departments zusammengefasst:
- Geodäsie & Fernerkundung
- Physik der Erde
- Geodynamik und Geomaterialien
- Chemie und Stoffkreisläufe der Erde
- Prozesse der Erdoberfläche

Zusätzlich existieren vier Geo-Engineering-Zentren.

Besonders außenwirksam ist die weltweite Aktivität des GFZ bei der globalen Erdbebenforschung, wie der Aufbau des Tsunami-Frühwarnsystems im Indischen Ozean.

Die umfassende Breite von Forschungsfeldern, die alle Gebiete der klas-

Einsatzbereiche

sischen Geologie, Mineralogie und Geophysik abdeckt, samt aktueller Stellenangebote, entnehme man der Webseite des Institutes.

Helmholtz-Zentrum für Ozeanforschung Kiel (GEOMAR)

Es hat folgende Forschungsbereiche
- Ozeanzirkulation und Klimadynamik
- Marine Biochemie
- Marine Ökologie
- Dynamik des Ozeanbodens.

Für 2010 sind 750 Beschäftigte angegeben, davon 424 aus Drittmitteln. Es ist ein Jahresetat von 57 Mio. € verfügbar (www.geomar.de).

Hier ist die marine Geowissenschaft zu Hause. Der enge Verbund zwischen Meeresgeologie und anderen Meeres-Wissenschaften zeigt sich in den Namen der Forschungsbereiche. Bei der Ausstattung besonders zu erwähnen sind vier Forschungsschiffe und Spezialgeräte zur Unterwasser-Erkundung, wie ein Tiefseeroboter. Doch auch die Geochemie und Petrologie verfügt über ein wichtiges Standbein durch die Erforschung der Magmatite des Ozeanbodens.

Für Geowissenschaftler mit Faible für Forschungsfahrten auf Forschungsschiffen und Affinität zum Meer ist dies eine der richtigen Adressen.

Alfred-Wegener-Institut für Polar- und Meeresforschung (AWI), Bremerhaven

Es gliedert sich in die drei Bereiche: Geowissenschaften, Biowissenschaften und Klimawissenschaften (awi.de).

Mit Stand 2010 bildet das Forschungsprogramm PACES (Polar Regions and Coasts in a changing Earth System) den aktuellen Rahmen, das dem Forschungsprogramm MARCOPOLI (bis 2008) nachfolgte.

Das AWI unterhält das Forschungsschiff Polarstern (Eisbrecher-Klasse), drei weitere Forschungsschiffe für gemäßigte Breiten sowie ein Polarflugzeug. Wichtigste Forschungsstation ist die 2009 neu in Betrieb genommene Neumayer-Station III in der Antarktis.

Auch hier stehen vernetzte meereswissenschaftliche Fragen im Vordergrund, wiederum gestützt durch Forschungsschiffe und die Polarforschung. Alle hier möglichen Beschäftigungsgebiete erfordern, den Einsatzregionen entsprechend, sehr spezifische persönliche Eigenschaften, die weit über geowissenschaftliche Fachkenntnisse hinausgehen.

Zentrum für Marine Umweltwissenschaften (MARUM), Bremen

MARUM ist intensiv vernetzt mit dem Fachbereich Geowissenschaften der Universität Bremen, dem AWI Bremerhaven und zahlreichen anderen Institutionen (marum.de).

Das MARUM entschlüsselt mit modernsten Methoden und eingebunden in internationale Projekte die Rolle des Ozeans im System Erde – insbesondere in Hinblick auf den globalen Wandel. Es erfasst die Wechselwirkungen zwischen geologischen und biologischen Prozessen im Meer und liefert Beiträge für eine nachhaltige Nutzung der Ozeane.

Die Forschung konzentriert sich auf sechs Forschungsfelder:
- Ozean und Klima
- Biogeochemische Prozesse
- Sedimentationsprozesse
- Küstendynamik und Nutzungsfolgenforschung
- Gas- und Fluidaustritte
- Hydrothermale Quellen.

Helmholtz-Zentrum für Umweltforschung (UmweltForschungsZentrum Leipzig/Halle GmbH, UFZ)

Das UFZ mit mehreren Standorten in und um Leipzig, Halle und Magdeburg deckt thematisch ein weites Spektrum von Natur-, Umwelt- und Sozialwissenschaften ab. Unter diesem Schirm finden sich auch geowissenschaftliche Themenbereiche, wie
- Hydrosystem-Modellierung
- Isotopenhydrologie
- Hydrogeologie
- Grundwassersanierung.

Es erforscht die komplexen Wechselwirkungen zwischen Mensch und Umwelt in genutzten und gestörten Landschaften, insbesondere dicht besiedelten städtischen und industriellen Ballungsräumen sowie naturnahen Landschaften. Die Wissenschaftler des UFZ entwickeln Konzepte und Verfahren, die helfen sollen, die natürlichen Lebensgrundlagen für nachfolgende Generationen zu sichern.

Es beschäftigt über 900 Mitarbeiter, wobei diese Zahl angesichts der breiten Fächerpalette für Geowissenschaften nicht signifikant ist. Interessenten an wissenschaftlicher Arbeit im hydrogeologischen oder umweltgeochemischen Bereich sind hier an der richtigen Adresse.

Senckenberg, Forschungsinstitut und Naturmuseum, Frankfurt/M.

Die Senckenberg Forschungsinstitute und Naturmuseen haben heute Standorte in sechs Bundesländern: Hessen, Thüringen, Sachsen, Brandenburg, Niedersachsen und Hamburg. Das Haupthaus und gleichzeitig die größte Einheit befindet sich in Frankfurt a. M., wo auch die Senckenbergische Naturforschende Gesellschaft 1817 gegründet wurde (www.senckenberg.de).

Es existieren folgende Abteilungen
- Terrestrische Zoologie und Naturschutzforschung
- Marine Zoologie
- Deutsches Zentrum für Marine Biodiversitätsforschung
- Meeresforschung
- Botanik und molekulare Evolutionsforschung
- Paläontologie und Historische Geologie

- Paläoanthropologie
- Messelforschung
- Quartärpaläontologie.

Ein spezifisch geologisches Projekt ist die Beteiligung am internationalen geologischen Korrelationsprogramm (IGCP), im Rahmen dessen in zahlreichen Subkommssionen der geologische Zeitstrahl geeicht wird. Wichtig ist auch die wissenschaftlich-museale Arbeit, die sich in der Betreuung zahlreicher Sammlungen im gesamten Bundesgebiet niederschlägt.

Bayerisches Forschungsinstitut für Experimentelle Geochemie und Geophysik, Bayreuth (BGI)

Das an der Universität Bayreuth angesiedelte Institut hat drei Abteilungen (bgi.uni-bayreuth.de):
- Struktur und Dynamik von Geomaterialien
- Experimentelle Geowissenschaften
- Experimentelle Geophysik.

Die Forschungsfelder lassen sich unter folgenden Stichpunkten zusammenfassen:
- Erdkruste und Geodynamik
- Geochemie
- Mineralogie, Kristallchemie, Phasentransformationen
- Physikalische Eigenschaften von Mineralen
- Fluide und ihre Interaktion mit Schmelzen und Mineralen
- Physik und Chemie von Schmelzen und Mineralen
- Rheologie
- Metamorphose
- Materialwissenschaften.

Die Erforschung der Bedingungen der tiefen Erdkruste und des oberen Erdmantels, in Sonderfällen bis zum Erdkern, erfordert den Aufbau von Hochdruck-Laborstrecken zur Simulation entsprechender Druck- und Temperatur-Verhältnisse.

Für Interessenten mit Vertiefung in Petrologie, Geochemie und/oder Geophysik ist dies die richtige Forschungseinrichtung.

Leibniz-Institut für Angewandte Geophysik, Hannover (LIAG)

Das LIAG-Institut betreibt Forschung auf dem Gebiet der angewandten Geowissenschaften unter besonderer Berücksichtigung der Geophysik. Untersucht werden die oberen Bereiche der Erdkruste, die für eine unmittelbare wirtschaftliche Nutzung und Daseinsvorsorge wichtig sind. Die Arbeitsgebiete liegen vorrangig in Deutschland. Es hat etwa 70 Mitarbeiter (www.liag-hannover.de).

Die Hauptforschungsziele sind
- Erkundung von Strukturen und Zuständen des Untergrundes
- Erforschung von Prozessen und deren Auswirkungen auf die Geosphäre und die Umwelt
- Entwicklung und Optimierung von Methoden und Techniken, die für die Durchführung dieser Aufgaben notwendig sind.

Es gibt folgende Forschungsschwerpunkte:
- Methodische Entwicklungen
- Grundwassersysteme
- Geothermische Energie
- Terrestrische Sedimentarchive.

Bei Bundes- und Landesbehörden, wie zum Beispiel bei der Bundesanstalt für Geowissenschaften und Rohstoffe, sind ebenfalls zahlreiche Forschungsrichtungen beheimatet. Die beeindruckende Zahl von Beschäftigten auf Planstellen und Drittmittelstellen, innerhalb derer von etwa 2500 Wissenschaftler-Stellen im geowissenschaftlichen Bereich auszugehen ist (exakte Zahlen liegen nicht vor), zeigt die überwältigende Dominanz der Forschungsinstitute gegenüber den Hochschulen. Entsprechend vielfältig ist das Angebot an Jobs und die Entwicklungsmöglichkeit für motivierte junge Geowissenschaftler. Es empfiehlt sich spätestens beim Masterstudium die Auswahl einer entsprechend profilierten Hochschule, die zum späteren Forschungsinstitut passt und in der Regel auch entsprechend passende Vernetzungen aufgebaut haben wird.

Literatur

DHV (2010): Vergleich der C- und W-Besoldung, Forschung und Lehre, 5/10, 154–155.

HOCHSCHULREKTORENKONFERENZ (Hrs. 2008): Die Kleinen Fächer an den Deutschen Universitäten – Bestandsaufnahme und Kartierung. – Beiträge zur Hochschulpolitik, 4/2008, 329 S. Bonn.

1.4 Ausland

(Horst Weier, Waldesch)

Wenn Geologen sich beruflich im Ausland aufhalten, dann entweder um wissenschaftliche Untersuchungen durchzuführen oder um beruflich dort tätig zu sein. Die meisten deutschen Hochschulinstitute forschen heute auch im Ausland. So wie das z.B. im 19. Jahrhundert Alexander von Humboldt in Amerika und Russland oder Charles Darwin während der Weltumsegelung auf der „HMS Beagle" getan hat. Für international agierende Unternehmen im Rohstoffbereich ist die Mobilität ihrer Mitarbeiter eine Grundvoraussetzung ihrer Geschäftstätigkeit.

Voraussetzungen — Grundlage für eine Auslandstätigkeit als Geowissenschaftler sind gute bis sehr gute Fachkenntnisse. Das schließt sowohl ein solides Grundwissen in Geologie, Geophysik oder Mineralogie sowie zusätzliche Kenntnisse in mindestens einem Vertiefungsfach ein. Die weitaus meisten Stellenausschreibungen verlangen Bewerber mit Spezialkenntnissen.

Das gilt schon für Studienaufenthalte. Hier müssen für die Beantragung eines Stipendiums sowohl ein plausibler als auch realistischer Studienplan vorgelegt und die Gründe für das Studium an einer bestimmten ausländischen Universität dargelegt werden. Entsprechendes kann für Forschungsaufenthalte im Ausland gesagt werden.

Will ein Geowissenschaftler beruflich im Ausland arbeiten, so muss er für viele Positionen eine bis zu 10 Jahre praktische Berufserfahrung nachweisen. Nur bei Ausschreibungen für Nachwuchskräfte, z.B. für das von der Bundesregierung unterstützte Programm „Beigeordnete Sachverständige" für Positionen bei den Vereinten Nationen als „Associate Experts" oder „Junior Professional Officers", können sich Kandidaten mit 1 bis 3 Jahren Berufserfahrung melden (s.u.).

Neben fundiertem geowissenschaftlichem Wissen werden heute zunehmend zusätzliche Kenntnisse beispielsweise aus den Fachbereichen Wirtschafts- oder Ingenieurwissenschaften verlangt. Ein weiteres wichtiges Qualifikationsmerkmal ist die Fähigkeit, Berichte zeitnah und sachgerecht abzufassen und die Fakten sowohl für die aussendende Organisation als auch für die empfangende Institution im Ausland zu präsentieren.

Vorbereitung

Wer ins Ausland reisen möchte, muss die richtigen Utensilien mitnehmen. Das gilt nicht allein für die Ferienreise an das Mittelmeer oder Nordkap, sondern ebenso für eine Dienstreise zu einem Bohrturm in der Wüste oder für einen mehrjährigen Explorationseinsatz im Dschungel.

Man braucht die dem Klima wie den Arbeitsbedingungen entsprechende und zuweilen auch dem Büro und den Gesprächspartnern angepasste Kleidung. Fachliche und erholsame Literatur, Medikamente, Fotoausrüstung und Schreibzeug sollten nicht vergessen werden. Und man muss sich frühzeitig auf die neuen Lebensumstände und Wertvorstellungen einstellen (Kulturschock!).

Sprachkenntnisse

Bereits während des Studiums werden in Deutschland englische Sprachkenntnisse vorausgesetzt. Für eine erfolgreiche Arbeit im Ausland sind Kenntnisse der jeweiligen Landessprache oder der Verkehrssprache unabdingbar.

Bei einem Auslandspraktikum in einem Erzbergwerk oder an einem Bohrturm reichen bisweilen befriedigende mündliche Sprachkenntnisse aus. Der Experte einer internationalen Organisation muss jedoch ausgezeichnete mündliche und schriftliche Kenntnisse der Verkehrssprache vorweisen, will er erfolgreich Regierungsstellen in einem Entwicklungsland beraten oder „counterparts" für die Übernahme von Verantwortung schulen. So fordern die Vereinten Nationen bei Bewerbungen, dass man Englisch oder Französisch verhandlungssicher beherrscht und Kenntnisse in mindestens einer weiteren Amtssprache wie Arabisch, Chinesisch, Französisch, Russisch oder Spanisch besitzt. Das gilt auch bei einer Bewerbung bei der Europäischen Union. Neben der Muttersprache muss die Kommunikation in mindestens einer weiteren der derzeit 23 Amtssprachen möglich sein.

Gesundheit

Wer ins Ausland reisen will, sollte gesund sein. Diese allgemein gültige Regel gilt auch für Menschen, die beruflich in ein anderes Land gehen. Üblicherweise wird die entsendende Institution den Auslandsmitarbeiter vor einer Einstellung ärztlich untersuchen lassen. Liegt der Einsatzort in den heißen Zonen, muss eine Tropentauglichkeit, in besonderen Fällen auch eine Grubentauglichkeit, bescheinigt werden. Falls der Experte mit

Familie an seinen neuen Dienstort reist, so gelten dieselben Anforderungen auch für alle mitausreisenden Familienmitglieder.

Vor einer Ausreise in das außereuropäische Ausland ist es selbstverständlich, dass sich jeder Reisende über Gesundheitsrisiken im Zielland sowie über die internationalen Impfvorschriften informiert. Gegebenenfalls sind mehrere Schutzimpfungen empfohlen oder erforderlich, weshalb jeder Betroffene in diesen Fällen einen Impfplan erstellen lassen kann. Das heißt, dass man die ersten Impfungen mehrere Wochen vor Abreise durchführen lassen muss. Auch sollte nach der letzten Impfung genügend Zeit verbleiben, um Impfreaktionen noch zu Hause behandeln zu lassen.

Man kann sich durch eine tropenmedizinische Institution ausführlich beraten lassen, deren Adressen man beim Hausarzt oder bei der Deutsche Gesellschaft für Tropenmedizin und internationale Gesundheit (DTG) erfragen kann.

Ausreise der Familie

Wer mit seiner Familie ins Ausland gehen möchte, will am neuen Wohnort auch die schulische Ausbildung seiner Kinder sicherstellen. Dies kann an 133 Deutschen Schulen im Ausland sowie an weiteren 812 von der Bundesrepublik geförderten Einrichtungen erfolgen (Stand: 1. Quartal 2009).

Anschriften der Deutschen Auslandsschulen sowie weitere Informationen wie z.B. die Termine des jeweiligen Schuljahrbeginns sind auf der Homepage des Bundesverwaltungsamtes, Zentralstelle für das Auslandsschulwesen, einzusehen.

Allerdings liegen die Rohstoff-Explorations- und -Abbaugebiete in den meisten Fällen weit von einer solchen deutschen Auslandsschule entfernt. Für die Kinder dieser Experten hat die Deutsche Fernschule e.V. in Wetzlar, Fernunterrichtsmaterialien für die Klassen 1–4 erarbeitet. Das Institut für Lernsystem GmbH (ILS), eine vom Auswärtigen Amt geförderte Schuleinrichtung, hat Unterrichtsmaterial für deutsche Schüler der Klassen 5–10 für alle Schulformen geschaffen.

Export und Import

Für geowissenschaftliche Untersuchungen von Gesteinen, Fossilien, Böden, Rohstoffen oder Wasservorkommen werden Proben entnommen und anschließend zu Laboren im In- oder Ausland zur Analyse gebracht. Falls Gesteine, Fossilien oder Erze exportiert werden, müssen unbedingt zuvor die Exportformalitäten geklärt werden. Dies muss lange vor der Gelände-Kampagne anlaufen, damit alle beteiligten Behörden und Institutionen angefragt werden können. Denn wer möchte wegen eines „Diebstahls von Bodenschätzen oder Fossilien" im Gefängnis die Lösung eines Problems erreichen?

Geländearbeiten bedeuten auch, dass fremdes Eigentum betreten werden muss. Um Schwierigkeiten während des Aufenthaltes im Feld zu vermeiden, sollte vorab mit den lokalen Behörden oder Eigentümern die Betretungserlaubnis geklärt werden. Ein ganz spezieller Fall ist eine Erkundung bezüglich Gefahren durch Landminen, die in zahlreichen Ländern Afrikas und Asiens sowie auch in Europa (Gebiete des ehemaligen Jugoslawien) existieren. Hier kann die Stiftung Sankt Barbara mit Länderstudien helfen.

Ähnlich verhält es sich mit Einfuhr und späterer Ausfuhr von Ausrüstungsgegenständen. Bei geowissenschaftlichen Kartierungen werden heute modernste Messgeräte zur Positionierung eingesetzt. Bei geophysikalischen Messungen werden Geräte mit radioaktiven Strahlern genutzt. Trinkwasserproben müssen in völlig sterile Behälter abgefüllt und bei niederen Temperaturen transportiert werden. Für all diese Zwecke werden oft spezielle Gerätschaften ins Ausland transportiert und am Ende der Mission wieder ins Heimatland zurückgeschickt. Auch hier gilt es, die Import- und Exportvorschriften rechtzeitig zu erfragen, um die notwendigen Bescheinigungen zu erstellen.

Um eine Arbeitsstelle im Ausland antreten zu können oder ein Auslandssemester während des Studiums zu absolvieren, sind gewisse Formalitäten zu erledigen. Dies sind u.a. Anmeldung am neuen Wohnort, Ausstellung einer Aufenthaltserlaubnis sowie einer Arbeitsgenehmigung oder Einschreibung an einer Hochschule. EU-Bürger haben das Recht, sich innerhalb der Mitgliedstaaten der Europäischen Union frei zu bewegen und in jedem Mitgliedsstaat eine Arbeit zu suchen. Daher entfällt für EU-Bürger innerhalb der Mitgliedstaaten eine Aufenthaltsgenehmigung; es reicht eine Meldebescheinigung. Das von der EU bereitgestellte Internetportal zur beruflichen Mobilität EURES (http://ec.europa.eu/eures) erteilt Informationen zur Stellensuche in Europa sowie Adressen von Ansprechpartnern, die bei praktischen, rechtlichen und administrativen Fragen bezüglich einer neuen Stelle in einem EU-Mitgliedsstaat behilflich sind. Einschränkend sind einige Übergangsvorschriften über die Freizügigkeit in einzelnen der zuletzt der EU beigetretenen Staaten.

Arbeits- und Aufenthaltserlaubnis im Ausland

Als Mitarbeiter einer internationalen Organisation oder als Experte im Rahmen eines Projektes der Entwicklungszusammenarbeit in dem Zielland angekommen, werden die Formalitäten durch die betreffende Organisation erledigt. Meist sind die bürokratischen Erfordernisse auch in bilateralen, zwischenstaatlichen Vereinbarungen geregelt.

Durch einen beruflichen Auslandseinsatz lernen Arbeitnehmer nicht nur ein fremdes Land kennen und beherrschen am Ende eine neue Sprache, sie erhalten auch größere berufliche Gestaltungsmöglichkeiten, als es zu Hause möglich wäre. Mitarbeiter werden in die Entscheidungsprozesse des Projektes eingebunden. Das bedeutet, dass sie eine größere Eigenverantwortung übernehmen müssen. Eine erfolgreiche Bearbeitung einer Fragestellung motiviert sie zusätzlich.

Vorteile

Nicht zu vernachlässigen ist auch ein höheres Einkommen für den im Ausland Tätigen. Neben einem Grundgehalt, welches wie zuvor im Inland gezahlt wird, kommen Zusatzleistungen wie Intensivsprachkurs vor der Ausreise, mietfreie Wohnung, Dienstwagen inklusive Übernahme der Kosten für Treibstoff und Wartung, Heimflugregelungen und/oder Kaufkraftausgleich. Ist der Arbeitnehmer länger als ein halbes Jahr im Ausland wird das Gehalt steuerfrei ausgezahlt.

Zahlreiche Firmen, die Energieträger oder Rohstoffe explorieren und abbauen, sowie Bau-, Beratungs- und Planungsunternehmen haben zwangsläufig Geowissenschaftler als Mitarbeiter in Auslandsprojekten.

Firmen

Auch wenn in den 1980er und 1990er Jahren viele deutsche Firmen des Rohstoffsektors ihre Aktivitäten eingestellt haben, so gibt es heute wieder Engagement auf diesem Gebiet. Die Mitgliederzahl in der Fachvereinigung Auslandsbergbau und internationale Rohstoffaktivitäten (FAB) ist seit 2003 kontinuierlich gestiegen. Dort ist Expertenwissen über alle Phasen eines

Rohstoffprojekts: Exploration, Gewinnung, Aufbereitung, Rekultivierung; sowie in allen Bereichen des Auslandsbergbaus wie z.B. Steine und Erden, Baurohstoffe, Torf, Industrieminerale, Energierohstoffe, Erze und Salze etc. vorhanden. Somit wird geowissenschaftliches Wissen von den Mitgliedern angefragt und eingesetzt. Diese Erkenntnisse werden auch von der BGR in Hannover bestätigt.

Allerdings ist in Bezug auf die Dauer eines Auslandseinsatzes ein Wandel zu verspüren. Langjährige Verträge sind seltener geworden. Häufiger geht der Experte für kürzere Zeit, bis zu einem Jahr, ins Ausland. Ausreisen ohne Familienangehörige nehmen zu. Dies wird oft mit kürzeren Intervallen der Heimflüge kompensiert.

Stellensuche

Eine Möglichkeit für einen Auslandseinsatz ist die direkte Bewerbung auf eine Stellenanzeige. Diese findet man entweder in überregionalen Tageszeitungen oder in Wochenzeitungen (z.B. DIE ZEIT) oder in nationalen oder internationalen Fachzeitschriften, z.B. Nature, London (www.nature.com/naturejobs/index.html). Weitere Möglichkeiten, insbesondere im Bereich Bergbau, bestehen über Rekrutierungsfirmen wie z.B. Thomas Mining Associates Ltd, Lancing, UK.

Viele der im Ausland tätigen Consulting-Firmen haben eigene Bewerber-Datenbänke aufgebaut, aus denen im Bedarfsfalle geeignete Mitarbeiter angesprochen werden. Um in die Bewerberkartei aufgenommen zu werden, sollte der Interessent bereits eine Berufserfahrung von über drei Jahren nachweisen können.

Eine weitere Möglichkeit, mit deutschen Consulting-Firmen in Kontakt zu treten, bietet neben der Jobbörse des BDG unter www.geoberuf.de auch der Verband Beratender Ingenieuren e.V. (VBI), Berlin, durch den Bewerberservice an. Hierbei veröffentlicht der Verband Stellengesuche, Stellenangebote sowie Anfragen für freie Mitarbeit. Bei Bedarf werden sich dann Mitgliedsfirmen mit dem Bewerber direkt in Verbindung setzen.

Man kann auch in Eigeninitiative mit einer Beratungsfirma unverbindlich in Kontakt treten. Dabei stellt man der Personalabteilung aussagefähige Bewerbungsunterlagen zur Verfügung: tabellarischen Lebenslauf, tabellarische Beschreibung der bisher bearbeiteten Projekte, Fremdsprachenkenntnisse, geographische Kenntnisse. Beim letzten Punkt kann man z.B. eigene Literatur- und Kartensammlungen sowie bestehende Kontakte zu Partnern im jeweiligen Land in Hochschule, Behörden oder Firmen erwähnen. Diesen Wissensvorsprung möchten die potenziellen Arbeitgeber nutzen. Wer Bewerbungsunterlagen im Stellenpool einer Beratungsfirma abgelegt hat, sollte regelmäßig halbjährlich Kontakt zu dieser halten, um sein weiter bestehendes Interesse zu bekunden. Andernfalls geraten die Dokumente leicht in Vergessenheit.

Bewirbt sich eine Firma für einen bestimmten Auftrag oder hat eine Firma den Auftrag für ein Projekt erhalten, so wird sie sich mit geeigneten Kandidaten in Verbindung setzen und Einzelheiten besprechen. Können sich beide Seiten einigen, so wird meist ein projektbezogener Zeitvertrag abgeschlossen.

Die Zentrale Auslands- und Fachvermittlung (ZAV) der Bundesagentur für Arbeit in Bonn (www.ba-auslandsvermittlung.de) unterstützt durch ihre

Ausland

Auslandsabteilung die Stellensuche mit der Veröffentlichung von Vakanzen im Ausland. Zum einen werden Stellenangebote aus der wöchentlichen Jobbörse der Arbeitsagentur veröffentlicht. Auf der anderen Seite kann man sich auch in eine Interessenkartei aufnehmen lassen, die regelmäßig mit den Vakanzenlisten verglichen wird. Bewerbungsunterlagen sind bei der ZAV, Auslandsabteilung, erhältlich. Für Geowissenschaftler sind hier die Ausschreibungen von Organisationen mit den Arbeitsgebieten Energiefragen, Entwicklungszusammenarbeit, Forschung/Wissenschaft und Umweltschutz von berufsspezifischem Interesse.

Die Bundesrepublik Deutschland ist Mitglied in über 200 internationalen Organisationen. Die größte internationale Organisation sind die Vereinten Nationen (UN) mit zahlreichen Unterorganisationen und Sonderorganisationen. In Europa sind Institutionen der Europäischen Union zu nennen. Wichtige Zusammenschlüsse auf den verschiedenen Kontinenten sind u.a. die jeweiligen Entwicklungsbanken.

Internationale Organisationen

Der Deutsche Bundestag hat 2008 aufgrund einer Beschlussempfehlung des Auswärtigen Ausschusses den Antrag „Deutsche Personalpräsenz in internationalen Organisationen im nationalen Interesse konsequent stärken" angenommen. Die Bundesrepublik ist nämlich nach Meinung der Antragsteller bei vielen internationalen Organisationen quantitativ und qualitativ nicht mehr oder noch nicht angemessen repräsentiert.

Für die Stärkung der Personalpräsenz hat deshalb das Auswärtige Amt auf der Homepage www.jobs-io.de zum einen die Rubrik „Internationaler Stellenpool" mit Ausschreibungen bei internationalen Organisationen eingerichtet. Zum anderen können interessierte Bewerber ihren Lebenslauf und spezielle Kenntnisse in einen „Internationalen Personalpool" eingeben. Diese Daten werden dann mit den Anfragen automatisch abgeglichen.

Die Bewerbungsunterlagen und -formulare können von den Webseiten vieler internationaler Organisationen heruntergeladen und online eingereicht werden. Bei ihnen werden im Gegensatz zur Privatwirtschaft keine Initiativbewerbungen akzeptiert. Muster für das Verfassen eines Lebenslaufs sowie Formulierungshilfen in englischer Sprache stellt das Auswärtige Amt auf seiner Webseite unter der Rubrik „Ausbildung und Karriere" vor.

Nachwuchskräfte können sich in ca. 20 Unter- und Sonderorganisationen der UN und bei der Weltbankgruppe als „Beigeordneter Sachverständiger", „Associate Expert", „Junior Professional Officer" oder als „Associate Professional Officer" bewerben. Die Altersgrenze liegt meist bei 32 Jahren. Das Büro Führungskräfte zu internationalen Organisationen (BFIO) der ZAV berät deutsche Interessenten bei Bewerbungen. Die Einsatzbereiche liegen für Geowissenschaftler zumeist im Umweltschutz sowie bei Fragen der Trinkwasser-Gewinnung. Erste Erfahrungen bei Internationalen Organisationen können Studierende während eines Praktikums sammeln. Auch hier steht das BFIO hilfreich zur Seite.

Bei Vakanzen für unbefristete Stabspositionen bei Internationalen Organisationen werden im Allgemeinen hochqualifizierte Bewerber mit langjähriger Berufserfahrung gesucht. Bei diesen Positionen werden fließende Sprachkenntnisse in mindestens 2 Verkehrssprachen inklusive Fachterminologie vorausgesetzt.

Projektmitarbeiter mit projektbezogenen befristeten Arbeitsverträgen werden z.B. in Projekten der Entwicklungszusammenarbeit eingesetzt. Auch hier sind sehr fundierte Fachkenntnisse gefragt. Die Dauer eines Einsatzes reicht von wenigen Wochen für Machbarkeitsstudien, d.h. für Analysen der Durchführbarkeit, Rentabilität und Finanzierungsmöglichkeit eines Projektes, bis zu einigen Jahren bei komplexen Programmen. Zeiträume über fünf Jahre sind selten; selbst dann werden meist Jahresverträge mit der Möglichkeit der Verlängerung angeboten.

Die Kommission der EU führt Auswahlverfahren für neue Mitarbeiter durch. Diese Auswahlverfahren werden im Amtsblatt der EU ausgeschrieben. Die Kommission bietet darüber hinaus Hochschulabsolventen die Möglichkeit, ein fünfmonatiges Praktikum abzuleisten, das jeweils im März oder im Oktober beginnt. Hier kann man die Luft einer internationalen Organisation „schnuppern".

Staatliche Geologische Dienste

Die meisten Staaten der Welt haben eigene geologische Dienste aufgebaut. Eine vordringliche Aufgabe eines jeden staatlichen geowissenschaftlichen Dienstes ist die geologische Landesaufnahme. Erst dadurch können mögliche Lagerstätten gezielt erkundet und anschließend genutzt werden. Jede Landesplanung bedarf der geowissenschaftlichen Grundlagenermittlung.

Einige Staaten der Dritten Welt bitten die Bundesrepublik Deutschland, sie im Rahmen der entwicklungspolitischen Zusammenarbeit bei der Lösung geowissenschaftlicher Fragen zu unterstützen. Diese Anfragen werden von der Bundesregierung an die BGR zur Beurteilung übergeben. Nach positiver Prüfung reisen dann Geologen, Geophysiker und/oder Mineralogen der BGR oder beauftragte Beratungsfirmen aus, untersuchen in diesen Ländern Gesteinsformationen und deren gewinnbare Inhalte. Die Schwerpunkte der technischen Zusammenarbeit heute liegen in den Bereichen Grundwasser-Management, Umwelt- und Ressourcenschutz, Management von Georisiken, Bergbauberatung und -Umweltschutz sowie Rohstoffe, Energierohstoffe, Steine und Erden und Metallrohstoffe. Eine wichtige Ergänzung bilden die geologische Landesaufnahme und die praktische Ausbildung einheimischer Fachkräfte, die nach Abreise der BGR-Experten die begonnenen Arbeiten eigenverantwortlich fortsetzen sollen.

Neben der Unterstützung Geologischer Dienste werden zunehmend auch überregionale Organisationen wie im Bereich „Nachhaltiges Wassermanagement des Tschadsee-Beckens" beraten. In anderen Fällen unterstützen internationale Organisationen wie die Vereinten Nationen gezielt die geowissenschaftlichen Institutionen in Ländern Asiens, Afrikas oder Südamerikas.

Eine andere Form der Zusammenarbeit ist die direkte Anwerbung europäischer Geowissenschaftler durch eine ausländische Behörde. Dies geschieht eher bei Schwellenländern, die schon einen gewissen Grad der Industrialisierung erreicht haben. Diese Länder benötigen einheimische Rohstoffe für ihre eigene Industrie und für Bauvorhaben. Häufig unter Devisenmangel leidend, sind sie vordringlich auf eigenen Abbau angewiesen. Die Kollegen, die solche Offerten annehmen, können durch das Zentrum für internationale Migration und Entwicklung (CIM) in Frankfurt/Main, (www.cimonline.de) finanziell unterstützt werden.

Ausland

Lehrtätigkeit und Forschung im Ausland

Seitdem die Studiengänge in Europa zunehmend international angeglichen werden und Kooperationen auch in der Lehre zwischen Universitäten verschiedener Ländern unterzeichnet werden, werden mehr und mehr neue Studiengänge mit Lehrveranstaltungen an Partner-Universitäten eingerichtet.

Ausländische Hochschulen mit geowissenschaftlichen Abteilungen stellen nicht nur einheimische Hochschullehrer ein, sondern, wie es weltweit üblich ist, auch ausländische Spezialisten. Da in einigen Entwicklungsländern noch nicht genügend einheimische Fachkräfte für die Lehre ausgebildet und angestellt sind, wird diesen Institutionen u.a. mit deutschen Lehrkräften geholfen. Diese werden von deutscher Seite hauptsächlich durch den Deutschen Akademischen Austauschdienst (DAAD) rekrutiert.

Zahlreiche Geowissenschaftler deutscher Hochschulen führen Forschungsprojekte im Ausland durch. Häufig werden diese Projekte zusammen mit Partnern aus dem jeweiligen Land bearbeitet. Die Partnerschaften wirken sich auch auf die Versorgung des Entwicklungslandes hinsichtlich der eigenen Rohstoffe als auch für deren Exporte positiv aus.

Zum Thema „Forschung im Ausland" zählen auch erbrachte Studienleistungen von Studierenden oder Doktoranden im Ausland. Zahlreiche Organisationen wie Inwent unterstützen diese berufliche Qualifizierung durch Vermittlung z.B. geeigneter Firmen im Ausland oder durch finanzielle Zuwendungen. Beachtet werden muss aber, dass vor der Ausreise an der Heimathochschule die spätere Anerkennung der Studienleistungen im Ausland zu vereinbaren sind.

Für begabte Wissenschaftler stehen Auslandsstipendien zur Verfügung, mit denen sie an einer ausländischen Hochschule und in Kooperation mit dem einladenden wissenschaftlichen Gastgeber eine Forschungszusammenarbeit begründen oder intensivieren können. Im Allgemeinen ist die Promotion Voraussetzung für die Gewährung eines Stipendiums. Auskünfte über Fördermöglichkeiten sind beim DAAD zu bekommen.

Die Europäische Union fördert eine große Anzahl von Forschungsvorhaben, die im Rahmen übergreifender Fachprogramme durchgeführt werden. Große Bedeutung in der europäischen Forschungsförderung hat auch der Austausch von Wissenschaftlern innerhalb der Mitgliedstaaten.

Die Grundvoraussetzung für eine Förderung durch die EU ist die Übereinstimmung des geplanten Forschungsvorhabens mit den Zielen und Inhalten der jeweiligen EU-Fachprogramme. Für diese sind Ansprechpartner in Brüssel und in verschiedenen Institutionen in Deutschland benannt, die frühzeitig kontaktiert werden sollten.

Entwicklungshilfe

In der Bundesrepublik gibt es eine große Anzahl von Institutionen, die im Aufgabenfeld der bilateralen – aber auch der multilateralen – Entwicklungshilfe arbeiten. Bei einigen ist speziell auch geowissenschaftlicher Sachverstand für Projekte in der Dritten Welt gefragt.

Während in den zentralen Verwaltungen größtenteils Verwaltungsfachleute oder Absolventen wirtschaftswissenschaftlicher Studiengänge angestellt sind, arbeiten in den Projekten vor Ort zahlreiche Naturwissenschaftler oder Ingenieure. Organisationstalent und Improvisationskünste sind unschätzbare Qualitäten in Entwicklungshilfe-Projekten.

Es gibt in Deutschland drei große Kategorien, in denen man im Bereich der Entwicklungshilfe oder Entwicklungszusammenarbeit arbeiten kann: als Experte bei der Deutschen Gesellschaft für technische Zusammenarbeit (GTZ), als Integrierte Fachkraft über das CIM oder als Entwicklungshelfer bei kirchlichen oder staatlichen Organisationen.

Die GTZ hat in ca. 100 Entwicklungsländern Auslandsmitarbeiter eingesetzt. Diese sind großenteils in Projekten der Entwicklungshilfe für das Bundesministerium für wirtschaftliche Zusammenarbeit eingesetzt. Berufserfahrung, oftmals Spezialkenntnisse, sehr gute Sprachkenntnisse sowie Organisations- und Managementfähigkeiten, werden vorausgesetzt. Die Vergütung und sozialen Leistungen unterliegen deutschem Arbeits- und Sozialrecht. Sie sind den Anforderungen des Arbeitsplatzes und dem Marktwert des Experten angemessen.

Die Integrierte Fachkraft bei CIM schließt direkt mit einem Arbeitgeber in einem Entwicklungsland einen Arbeitsvertrag. Die Fachkraft ist dadurch vollkommen in die Struktur des anstellenden Betriebes sowie des Landes eingebunden, u.a. mit einem ortsüblichen Gehalt. Dazu kommt in der Bundesrepublik Deutschland noch ein Gehaltszuschuss zum Lohn und zu Versicherungen. Damit erreicht die Integrierte Fachkraft ein Einkommen, welches nicht ganz jenes der GTZ-Auslandsmitarbeiter erreicht. Arbeitslosenversicherung entfällt ebenso wie Steuern in Deutschland bei Verlegung des Wohnortes ins Ausland; Schulgeld und Heimaturlaub werden nicht erstattet oder bezuschusst. Bewerbungen werden über das CIM angenommen und bearbeitet. Eine Kurzbewerbung wird mit vorliegenden Stellenangeboten verglichen. Der Bewerber wird dann zu einem Beratungsgespräch in das CIM eingeladen. Die endgültige Entscheidung liegt beim einheimischen Arbeitgeber. Nach der Rückkehr kann eine ehemalige Integrierte Fachkraft bis zu ein Jahr lang eine Übergangshilfe erhalten, falls sie in dieser Zeit keine neue Beschäftigung gefunden hat.

Freiwillige Entwicklungshelfer arbeiten nicht in eigenen Projekten, sondern immer in Vorhaben einheimischer Partner-Organisationen: Regierungsstellen, gemeinnützige oder kirchliche Organisationen. Ziel ist meist die Unterstützung ärmerer Bevölkerungsgruppen; oft sind die Einsatzorte im Landesinnern in mittleren oder kleineren Gemeinden. Bewerben kann man sich beim Deutschen Entwicklungsdienst (DED) in Bonn oder bei einer privaten oder kirchlichen Organisation, die in der Entwicklungshilfe tätig ist. Die Entwicklungshelfer erhalten ein Unterhaltsgeld sowie eine Wohnung inklusive Nebenkosten gestellt. Die vollen Beiträge zur gesetzlichen Rentenversicherung in Deutschland werden erstattet. Nach Beendigung eines zwei-, vier- oder sechsjährigen Einsatzes in einem Entwicklungsland, bemüht sich die entsendende Organisation materiell sowie durch ausführliche Beratung um die Rückkehrer.

Eine besondere Art der Auslandstätigkeit ist der Senior Expert Service (SES) in Bonn der deutschen Wirtschaft: Pensionierte Fachkräfte werden zu ehrenamtlichen Tätigkeiten im Rahmen der EZ entsandt. Das Einsatzalter sollte in der Regel 70 Jahre nicht übersteigen. Den Seniorexperten entstehen durch ihre Tätigkeiten keine Kosten. Sie erhalten zur Bestreitung kleinerer persönlicher Ausgaben ein Taschengeld.

2 Arbeitsmarkt für Geowissenschaftler

2.1 Zahlen und Fakten im Überblick

(Hans-Jürgen Weyer, Bonn)

In Deutschland sind nach einer Schätzung des BDG Berufsverband Deutscher Geowissenschaftler knapp 20 000 Geowissenschaftler beschäftigt, wobei die bisherige Aufteilung in Diplom-Geologen, Diplom-Geophysiker und Diplom-Mineralogen aufgegeben worden ist und nur noch von Geowissenschaftlern gesprochen wird.

Die Geowissenschaftler verteilen sich innerhalb Deutschlands auf die vier Hauptbranchen ungefähr wie folgt:

Industrie und Wirtschaft:	3500 (17,7 %)
Geobüros und Consulting:	4400 (22,2 %)
Ämter und Behörden:	2600 (13,1 %)
Hochschulen und Forschungseinrichtungen:	3600 (18,2 %)

Hinzu kommt ein hoher Anteil an Personen, die außerhalb dieser vier Bereiche fachfern beschäftigt sind. Deren Zahl wird auf 5700 (28,8 %) geschätzt. Der hohe Anteil an fachfern Beschäftigten stammt zum Teil aus den Jahren, in denen eine hohe Arbeitslosigkeit unter den Geowissenschaftlern, damals speziell unter den Geologen, zwangsläufig dazu führte, dass sich viele Hochschulabsolventen nach Anstellungen außerhalb ihres studierten Faches umsehen mussten.

Die Arbeitslosenquote unter den Geowissenschaftlern hat sich wie folgt entwickelt:

2003:	9,6 %
2005:	7,5 %
2007:	3,6 %
2009:	4,6 %
2011:	4,5 %

Die Beschäftigung von Geowissenschaftlern hängt in Industrie und Wirtschaft von der allgemeinen Konjunktur, insbesondere den Rohstoff- und Energiepreisen ab; bei den Geobüros und dem Consulting im Wesentlichen von der nationalen Baukonjunktur und sowohl in den Ämtern und Behörden als auch in den Hochschulen und Forschungseinrichtungen von der finanziellen Situation der öffentlichen Hand. Der Anstieg der Arbeitslosenquote im Jahre 2009 ist Ausdruck der globalen Finanz- und Wirtschaftskrise während die niedrige des Jahres 2007 auf die weltweit starke Nachfrage nach Geowissenschaftlern in Explorationsunternehmen sowohl auf Energierohstoffe als auch auf Erze zurückzuführen ist.

2.2 Angebot und Nachfrage

(Hans-Jürgen Weyer, Bonn)

Insgesamt ist die Beschäftigtenzahl von Geowissenschaftlern in Deutschland in den letzten fünf Jahren um ca. 1000 gestiegen. Das liegt vor allem an der anhaltend hohen Zahl von Studenten und Absolventen. Im Jahre 2011 studieren 11.000 Studentinnen und Studenten an 28 Hochschulen geowissenschaftliche Fächer.

Abb. 16: Universitäten mit geowissenschaftlichen Studienangeboten.

Angebot und Nachfrage

Die geowissenschaftlichen Disziplinen können nur an Universitäten studiert werden. Daher ist die Beschäftigungssituation von Geowissenschaftlern in Deutschland auch abhängig von der Zahl der Studierenden bzw. der Absolventen.

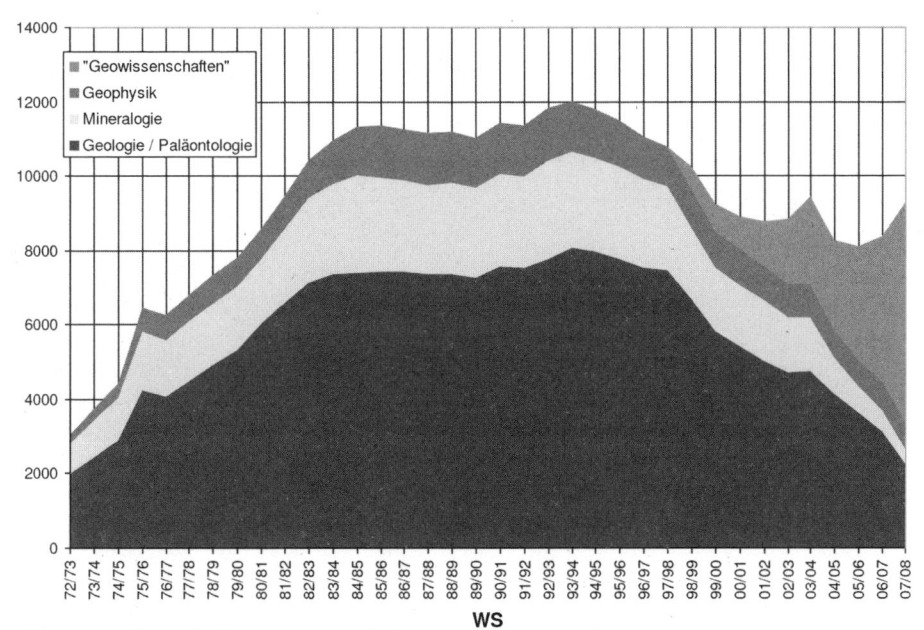

Abb. 17: Studierende der Geowissenschaften.

Die Abbildung (Abb. 18) zeigt einen mit Unterbrechungen kontinuierlichen Anstieg der Studentenzahlen seit der statistischen Erhebung im Jahr 1972. Den Höhepunkt erreichten die Studentenzahlen im Jahr 1993 als in den damals noch überwiegend westdeutschen Universitäten ziemlich genau 12 000 Studierende in den Fächern Geologie, Geophysik und Mineralogie eingeschrieben waren. 1997 kamen erste Studiengänge in „Geowissenschaften" hinzu, damals noch als Diplom-Studiengang. Die Einführung der Bachelor- und Master-Studiengängen in den geowissenschaftlichen Fächern führte 2003 zu einem ersten Anstieg der Einschreibungen, der sich nach Unterbrechung seit 2007 fortsetzt. Die letzten Diplom-Prüfungen in den auslaufenden Disziplinen „Geologie", „Mineralogie" und „Geophysik" werden im Jahr 2014 erfolgen.

Aufgrund der unterschiedlichen Verweildauer und der zum Teil hohen Abbrecherquote verläuft die Kurve der Abschlussprüfungen in den Geowissenschaften nicht kongruent zu der Kurve der Einschreibungen (Abb. 19). Von 1983 bis 1991 stieg die Zahl der Absolventen in den drei geowissenschaftlichen Fächern von 605 auf 1020, um danach bis zum Jahre 2006 mehr oder weniger kontinuierlich auf 420 abzusinken.

Der Anstieg der Hochschulabsolventen ging einher mit einem dramatischen Wandel in der Beschäftigungssituation in den Geowissenschaften. Bereits seit Mitte der 1970er Jahre zeichnete sich ab, dass künftig immer

2 Arbeitsmarkt für Geowissenschaftler

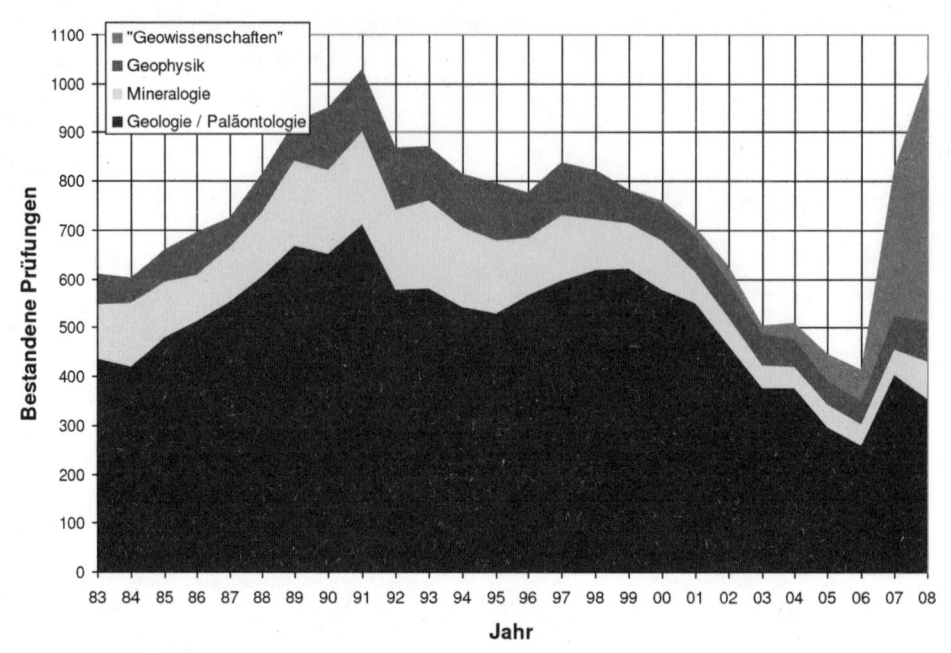

Abb. 18: Prüfungen in den Geowissenschaften.

weniger Geowissenschaftler in der Rohstoffexploration benötigt werden würden. In ganz Europa wurde die bergbauliche Förderung von Erzen nach und nach eingestellt. Die „Ölkrise" Anfang der 1970er Jahre führte zwar zu einigen autofreien Tagen, aber nicht zu eine wesentlichen Erhöhung der Exploration auf Kohlenwasserstoffe. In Deutschland und in vielen anderen europäischen Ländern waren die Kohlenwasserstoffvorkommen ohnehin weitgehend ausexploriert.

Ende der 1980er Jahre lief das sogenannte Rohstoffförderungsprogramm der Bundesregierung aus. Dieses Programm ermöglichte es vielen Unternehmen, weltweit Rohstoffe aller Art zu explorieren und sich an Bergbauprojekten zu beteiligen. Nach dem Auslaufen dieses staatlichen Förderprogramms zogen sich viele der deutschen Unternehmen aus den weltweiten Bergbauaktivitäten zurück. „Rohstoffe kaufen wir", lautete von nun an die Devise. Beteiligungen an fördernden Bergbauprojekten wurden verkauft, Konzessionen zurückgegeben, Explorationsabteilungen geschlossen. Zum Teil wurden die Unternehmen sogar ganz aufgelöst, wovon die Preussag, das Erdölunternehmen DEMINEX und die Metallgesellschaft als halbstaatliche, weltweit agierende Unternehmen mit ihren Tochtergesellschaften prominente Beispiele waren.

„Rohstoffe kaufen wir"

Dieser Rückzug vieler deutscher Unternehmen ab der 2. Hälfte der 1980er Jahre führte zum Freisetzen vieler Geowissenschaftler, insbesondere Geologen, die bisher in der Exploration gearbeitet hatten. Anstellungschancen für Hochschulabsolventen gab es in diesem Segment nur noch marginal. Damit war eine bedeutende Säule des klassischen Einsatzfeldes insbesondere für Geologen weggebrochen, und gleichzeitig der Bereich, der das Bild des Geologen in der Öffentlichkeit stark geprägt hatte. Da Deutschland kaum noch eigene Aktivitäten im internationalen Rohstoffgeschäft entwickelte, entstand in den internationalen Rohstoffkonzernen schnell der Eindruck, dass Deutschland damit auch die Expertise in der Ausbildung seines geologischen Nachwuchses auf diesem Gebiet verloren habe. Somit verringerten sich die Einstellungschancen deutscher Hochschulabsolventen auf dem internationalen Markt deutlich. Hinzu kam, dass die Universitätsausbildung in vielen Ländern stark an Qualität gewann, so dass sich deutsche Bewerber einer zunehmenden Zahl an Konkurrenten aus anderen Ländern gegenüber sahen, die dazu häufig auch noch jünger waren.

Diese gegenläufigen Entwicklungen – hohe Absolventenzahlen auf der einen und sinkende Beschäftigungsmöglichkeiten auf der anderen Seite – führte zu einer ca. 15 Jahre anhaltenden hohen Arbeitslosigkeit unter deutschen Geowissenschaftlern, wovon insbesondere Geologen betroffen waren. Geophysiker und Mineralogen bildeten ohnehin deutlich weniger Hochschulabsolventen aus, die zudem durch ihre stärkere Methodenkompetenz größere Chancen auf Beschäftigung in Nachbardisziplinen hatten als Geologen. Selbst Teildisziplinen wie die Paläontologie hatten unter dieser Entwicklung zu leiden, da immer weniger Paläontologen beispielsweise bei Kartieraufgaben oder in der Erdölindustrie zur stratigraphischen Einordnung von Schichten gebraucht wurden.

Abgemildert wurde diese Entwicklung durch die seit Anfang der 1980er Jahre aufkommende Umweltgesetzgebung. Es zeigte sich, dass Geowissenschaftler einen wichtigen Beitrag zur Minimierung von Umweltbelastungen leisten konnten. Mitte der 1970er Jahre kam es verstärkt zur Gründung von ersten Geobüros, die zunächst allerdings in der Baugrundbeurteilung das wichtigste Standbein hatten. Aber mehr und mehr wurde geologische Expertise bei der Bewertung und Begutachtung von Grundwasser- und Bodenverunreinigungen, Deponiebauten und der Altlastensanierung benötigt. In den 1980er Jahren boomte dieser neue Zweig geologischer Tätigkeiten, der bald den Namen „Umweltgeologie" erhielt. Mittlerweile sind die Ingenieur- und Geobüros der wichtigste Arbeitgeber für Hochschulabsolventen der geowissenschaftlichen Fächer, zumal Nachbargebiete wie Landschaftsplanung, Vermessungswesen etc. ebenfalls geologischen Sachverstand nachfragen. Der wachsende Anteil an Umweltgesetzgebungen führte auch zu einer Nachfrage nach Geowissenschaftlern bei den planenden und genehmigenden Aufsichtsbehörden in den verschiedenen Ebenen.

Dieser neue Zweig in den Beschäftigungsmöglichkeiten von Geowissenschaftlern war von Anfang an auch von Absolventen anderer Disziplinen hart umworben. Um die Anstellungsmöglichkeiten insbesondere für Geologen zu verbessern, bedurfte es eines erweiterten Ausbildungsspektrums. Gefragt waren neben den traditionellen Schwerpunkten wie Ingenieur-, Hydrogeologie und Geochemie auch Kenntnisse in rechtlichen Grundlagen oder Betriebswirtschaft. Die Anpassung der geowissenschaftlichen Studieninhalte an die sich ständig ändernden Ansprüche aus Industrie und Wirtschaft ist eine der permanenten Herausforderungen in der Hochschulausbildung.

Herausforderungen in der Hochschulausbildung

Die geänderten Rahmenbedingungen führten auch zu einem Wandel in den Aufgaben der geologischen Staatsdienste. Diese lieferten immer noch die bis dahin benötigten Grundlagenerhebungen für die Rohstoffgewinnung. Darauf war auch die geologische Landesaufnahme ausgerichtet. Diese Art der Daten wurde in der bisherigen Form weniger nachgefragt, und das, obwohl immer noch erhebliche Teile des Bundesgebietes geologisch nicht kartiert sind oder nur in Form von völlig überalterten Kartierungen vorliegen. In den Vordergrund traten seitdem Spezialerfassungen beispielsweise über Baugrundbeschaffenheiten, Georisiken oder geothermisches Potenzial. Diese Art der geologischen Landesaufnahme erforderte auch eine andere Art der Datenaufbereitung und -präsentation. Hier besteht die Schnittstelle zu GIS, die mittlerweile Einzug in nahezu allen Ämtern, Behörden und Geobüros gefunden haben.

steigende Absolventenzahlen

Seit dem Jahr 2006 steigt die Zahl der Hochschulabsolventen deutlich an. Dieser enorme Anstieg auf etwas mehr als 1000 Absolventen ab dem Jahr 2008 hat mehrere Gründe. Zum einen waren die Anstellungschancen in den Geowissenschaften seit Anfang des neuen Jahrzehnts deutlich gestiegen. Die Rohstoffverknappung und die hohen Weltmarktpreise führten dazu, dass vermehrt Exploration betrieben wurde und auch Lagerstätten rentabel wurden, die bislang weit unterhalb der Wirtschaftlichkeitsschwelle lagen. Hinzu kam, dass die internationale Erdöl- und Erdgasbranche in den Jahren zuvor eine Personalpolitik betrieben hatte, die sich nun rächte. Über Jahre hinweg wurde viel Personal freigesetzt. Zum Teil wurde hochkompetentes Personal bereits mit 49 Jahren in den Vorruhestand geschickt. Die Spitze der normalen Alterspyramide war damit nach oben hin gekappt, so dass einige Jahre später zu der ohnehin stark gestiegenen Nachfrage nach geowissenschaftlichem Personal auch noch die Tatsache kam, dass viel Personal gleichzeitig in den Ruhestand trat. Somit bestand für mehrere Jahre weltweit eine starke Nachfrage nach Geologen, Geophysikern und Prozessingenieuren insbesondere in der Kohlenwasserstoffindustrie, aber auch im Erzbergbau. Alle Absolventen, die bereit waren, in der internationalen Industrie zu arbeiten, hatten gute Anstellungschancen, so dass es sich lohnte, das Studium rasch zu beenden. Allerdings muss man bei einer Anstellung im Ausland auch Abstriche hinnehmen. Im Bergbau wird man häufig zu „local conditions" angestellt, und die Erdöl- und Erdgasindustrie exploriert häufig in wenig attraktiven Gebieten, so z.B. in Sibirien.

Ein weiterer Grund für diesen Anstieg liegt darin, dass mittlerweile die ersten Bachelorabsolventen ihre Prüfungen ablegten. In der Abbildung (Abb. 18) werden die berufsbefähigenden Abschlüsse aufsummiert. Früher waren es die Diplom-Absolventen, jetzt sind es die Bachelor-Absolventen. Durch den Bologna-Prozess ergab sich dabei eine Besonderheit. Gemäß ihrer Schwerpunkte konzipierten die Hochschulen viele neue BSc- und MSc-Studiengänge, die Elemente der früher getrennten Studiengänge in Geologie, Mineralogie und Geophysik zusammenführten. Je nach Schwerpunkt erhielten die Studiengänge eigene Namen, was insgesamt zu einer deutlichen Erweiterung geowissenschaftlicher Studiengänge führte. Da die geowissenschaftlichen Studiengänge ohnehin eine verstärkte Nachfrage erlebten, gibt es somit in mehr Fächern als früher auch deutlich mehr Absolventen als zu Diplomzeiten.

Aus beruflicher Sicht ist diese Entwicklung nicht zu begrüßen. Der deut-

Angebot und Nachfrage

sche Arbeitsmarkt alleine kann diese hohen Absolventenzahlen nicht aufnehmen. Und niemand kann vorhersehen, welche Auswirkungen die aktuelle internationale Schulden- und Finanzkrise hat.

Ebenso wenig ist die große Zahl an geowissenschaftlichen Studiengängen mit unterschiedlichem Namen zu begrüßen. Zurzeit gibt es an den Universitätsstandorten mit geowissenschaftlichen Fächern ein Angebot von ca. 70 verschiedenen BSc- und MSc-Studiengängen.

Tab. 3: Geowissenschaftliche BSc- und MSc-Studiengänge.

RWTH **Aachen**	Angewandte Geowissenschaften: BSc, MSc Georessourcenmanagement: BSc, MSc Applied Geophysics: MSc
FU **Berlin**	Geologische Wisenschaften: BSc, MSc
TU **Berlin**	Geotechnologie: BSc, MSc
Universität **Bochum**	Geowissenschaften: BSc, MSc
Universität **Bonn**	Geowissenschaften: BSc, MSc
Universität **Bremen**	Geowissenschaften: BSc, MSc Marine Geosciences: MS Materialwissenschaftliche Mineralogie: MSc
TU **Clausthal**	Geoenvironmental Engineering: BSc und MSc Energie & Rohstoffe: BSc Energie- & Rohstoffversorgungstechnik: MSc Petroleum Engineering: MSc Rohstoffversorgungstechnik: BSc und MSc (als Fernstudium) Rohstoff-Geowissenschaften: MSc
TU **Darmstadt**	Angewandte Geowissenschaften: BSc, MSc Tropical Hydrogeology, Engineering Geology and Environmental Management – TropHEE: MSc
Universität **Erlangen**	Geowissenschaften: BSc, MSc
Universität **Frankfurt**	Geowissenschaften: BSc, MSc
TU **Freiberg**	Geologie/Mineralogie: BSc Geowissenschaften: MSc Geoinformatik / Geophysik: BSc Geophysik: MSc Geoinformatik: MSc Geoökologie: BSc, MSc
TU **Freiburg**	Geology: MSc Crystalline Materials: MSc Geowissenschaften: BSc

Universität **Göttingen**	Geowissenschaften: BSc, MSc Hydrogeology and Environmental Geoscience: BSc
Universität **Greifswald**	Geologie: BSc Geosciences & Environment: MSc
Universität **Halle**	Angewandte Geowissenschaften: BSc, MSc Management natürlicher Ressourcen „Wasser, Boden, Pflanze": BSc, MSc
Universität **Hamburg**	Geophysik: BSc, MSc Ozeanographie: BSc Geowissenschaften: BSc, MSc Meteorologie: BSc, MSc
Universität **Hannover**	Geowissenschaften: BSc, MSc
Universität **Heidelberg**	Geowissenschaften: BSc, MSc
Universität **Jena**	Biogeowissenschaften: BSc, MSc
Universität **Karlsruhe**	Angewandte Geowissenschaften: BSc, MSc in Planung
Universität **Kiel**	Geophysik: BSc, MSc Geo- und Ingenieurwissenschaften der Küste: MSc Marine Geowissenschaften: MSc
Universität **Köln**	Geowissenschaften: BSc, MSc
Universität **Leipzig**	Geowissenschaften – Umweltdynamik und Georisiken: MSc
Universität **Mainz**	Geologie – Paläontologie: BSc
TU **München**	Geowissenschaften: BSc Ingenieur- & Hydrogeologie: MSc
LMU **München**	Geowissenschaften: BSc Geologische Wissenschaften: MSc Geomaterialien & Geochemie: MSc Geophysics & Geodynamics: MSc
Universität **Münster**	Geophysik: BSc Geowissenschaften: BSc, MSc
Universität **Potsdam**	Geowissenschaften: BSc, MSc International Field Geosciences: BSc
Universität **Tübingen**	Angewandte Geowissenschaften: BSc, MSc

Da immer noch neue Studiengänge kreiert werden, wird die Zahl an Studiengängen mit unterschiedlichen Namen weiter zunehmen. Oftmals liegen die Unterschiede, die zu einem eigenen Namen geführt haben, in einem besonderen Schwerpunkt oder einer besonderen Ausrichtung des

Tab. 4: Zukünftiger Bedarf an Geowissenschaftlern pro Jahr.

	realistisch	möglich	optimistisch
Industrie und Wirtschaft	50	100	**200**
Hochschule / Forschung	**150**	200	250
Geobüros / Freiberufler	150	**200**	250
Ämter / Behörden	**50**	100	200
Summe	**400**	**600**	**900**

jeweiligen Standortes. Es ist prinzipiell zu begrüßen, wenn sich Schwerpunkte in der Forschung oder Kombinationsmöglichkeiten mit anderen Disziplinen in den Studiengängen wiederfinden. Jeder Berufsstand und auch jede Wissenschaft bedürfen jedoch einer Identifikation, die sich bereits während des Studiums entwickelt. Daher wird es Aufgabe der nahen Zukunft sein, auf den Zeugnissen einen einheitlichen Abschlusstitel herbeizuführen. Der jeweilige Schwerpunkt, der jetzt noch zu einem eigenen Studiengang geführt hat, kann als Schwerpunkt im Untertitel aufgeführt werden.

Aus einer kontinuierlich fortgeführten Erhebung des BDG e.V. ergibt sich die Nachfrage nach Geowissenschaftlern der verschiedenen Branchen innerhalb Deutschlands. Tabelle 4 zeigt die Nachfrage in einem dreigeteilten Szenario – ausgehend von der realistischen Einschätzung über eine mögliche bis in zu einer optimistischen Einschätzung, bei der viele positive Entwicklungen zusammentreffen müssen.

Nach der im Jahre 2009 in weiten Teilen der Industrie und Wirtschaft überwundenen Finanzkrise sind die Berufsaussichten in diesem Bereich optimistisch anzusetzen. Dort stehen ca. 200 zu besetzende Stellen zur Verfügung. Dabei handelt es sich sowohl um neue Stellen als auch um Weiterbesetzung nach Eintritt in den Ruhestand. Nach wie vor zufriedenstellend ist die Nachfrage in den Geo- und Ingenieurbüros, wo ebenfalls ca. 200 Positionen entweder neu besetzt werden müssen oder neu geschaffen werden.

Die auch auf lange Sicht schlechte Finanzausstattung der öffentlichen Hand hat deutliche Auswirkungen auf die berufliche Situation in diesem Sektor und eine Besserung ist nicht in Sicht. Hochschullaufbahnen eröffnen sich nur noch wenigen und sind aufgrund der neuen W-Besoldung finanziell auch weniger interessant. Jedoch ist an den Hochschulen und den Forschungseinrichtungen immer eine Mindestfluktuation zu verzeichnen, demnächst steht eine Pensionierungswelle ins Haus und zumindest im Forschungsbereich sind auch immer wieder neue Stellen zu besetzen. Meistens jedoch nur befristete Positionen innerhalb von Forschungsprojekten. Doch in Ämtern und Behörden werden kaum neue Stellen geschaffen und bei Weitem nicht alle frei werdenden Stellen neu besetzt.

Insgesamt schwankt die Nachfrage in Deutschland nach Geowissenschaftler zwischen 400 Absolventen in konjunkturell schlechten und 600 in guten Zeiten pro Jahr.

Der größte Teil der genannten Positionen ist für Master-Absolventen gedacht, da der Master als Diplom-Äquivalent betrachtet wird. Etwas schwieriger gestalten sich die Berufsaussichten für Bachelor-Absolventen, da deren Qualifikationen auf dem Arbeitsmarkt noch nicht angekommen sind. Dennoch haben die Behörden, die Industrie und die Ingenieurbüros Interesse an BSc-Absolventen signalisiert, wobei überraschenderweise die Ingenieurbüros etwas zurückhaltender waren. Es zeichnet sich ab, dass die Nachfrage nach BSc- und MSc-Absolventen im Verhältnis 1:4 liegt. D.h. 75 % der auf den Arbeitsmarkt drängenden Absolventen sollten den Mastertitel erworben haben, wogegen für ca. 25 % der Stellen BSc-Absolventen geeignet sind.

Ab 2006 steigt die Zahl der Hochschulabsolventen stark an und liegt ab dem Jahre 2008 bei über 1000 Personen. Auf dem deutschen Arbeitsmarkt stehen diesen Absolventen zwischen 400 und 600 Positionen zur Verfügung, so dass wir für die deutschen Verhältnisse deutlich zu hohe Absolventenzahlen in den geowissenschaftlichen Fächern haben. Der Rest muss sich entweder auf Positionen im Ausland oder auf fachferne Stellen bewerben.

Doch schon ein Blick ins europäische Ausland zeigt ein in Teilen anderes Bild. Nach Angabe der European Federation of Geologists (EFG) in Brüssel, liegt der Bedarf an Geowissenschaftlern in den EU-Staaten um ca. 1000 höher als die Universitäten an Absolventen entlassen. Doch sind starke Unterschiede zu verzeichnen. So ist in skandinavischen Ländern eine nicht gedeckte Nachfrage vorhanden, während in Mittel- und Südeuropa zu wenige Positionen für die Absolventen vorhanden sind. Doch können die Auswirkungen der Währungskrise und der überall sehr hohen Staatsverschuldung nicht abgeschätzt werden.

Die Frage ob es sich lohnt, einen Doktortitel zu erwerben, kann nicht eindeutig beantwortet werden. Als Angestelltem in einem Ingenieurbüro ist der Titel nicht nötig, während ein Freiberufler sehr wohl davon profitieren kann. Bei einer angestrebten Forschungslaufbahn ist er unerlässlich, und in der Industrie ist er oft gerne gesehen, wenn auch keineswegs Voraussetzung für eine Karriere. Selbst die immer wieder gestellte Frage nach dem idealen Alter für einen Berufseinstieg kann nicht einheitlich beantwortet werden. In der internationalen Industrie ist ein junges Einstiegsalter von Mitte zwanzig angebracht. Ansonsten haben Absolventen anderer Länder die Nase vorn. In Deutschland zählt neben dem Alter auch die Persönlichkeit, so dass sich die Berufsaussichten nicht unbedingt verschlechtern, wenn man zwischen 25 und 28 Jahren den Berufseinstieg sucht. Wer allerdings ohne Berufserfahrung im Alter von 30 Jahren und aufwärts eine Erstanstellung sucht, wird sich deutlich schwerer tun.

2.3 Bessere Chancen durch Zusatzqualifikationen, Netzwerke und Mentoring

2.3.1 Zusatzqualifikationen und Praktika

(Susanne Gardberg, Essen)

Für die Lösung der vielfältigen Aufgaben, die zukünftig auf Geowissenschaftler sowohl im Inland als auch verstärkt im Ausland zukommen, sind sehr unterschiedliche Kenntnisse und Fertigkeiten gefragt. Hierfür reicht die universitäre, eher wissenschaftlich orientierte Ausbildung alleine oft nicht aus. Absolventen, die zu Recht stolz auf ihr im Studium angeeignetes Fachwissen sind, erfahren deshalb im Bewerbungsprozess oft, dass fundiertes Fachwissen von den Arbeitgebern als Basislevel angesehen wird. Gefragt sind darüber hinaus auf das angestrebte Berufsfeld ausgelegte Zusatzqualifikationen und nicht zuletzt soziale Kompetenzen. Und – so banal es sich anhört – perfektes Deutsch in Wort und Schrift ist ebenfalls unerlässlich.

Die notwendigen Zusatzqualifikationen hängen in erster Linie vom Abschluss und dem angestrebten Tätigkeitsbereich ab. So werden vom Bachelor andere Fertigkeiten erwartet als von einem Masterabsolventen.

Die Anforderungen der Arbeitgeber an Geowissenschaftler unterscheiden sich inhaltlich und strukturell nach den vier Grundausrichtungen geowissenschaftlicher Arbeitsgebiete wie Hochschule, Ämter und Behörden, Geobüros und Freiberufler sowie Industrie und Wirtschaft.

Gemeinsam sind in allen Bereichen folgende Kompetenzen gefragt:
- Sicheres Auftreten (Kompetenz, Entscheidungsfreudigkeit)
- Engagement
- Selbständiges Arbeiten
- Hohe Belastbarkeit
- Teamfähigkeit
- Rasche Auffassungsgabe für fachfremde Sachverhalte
- Anpassungsfähigkeit

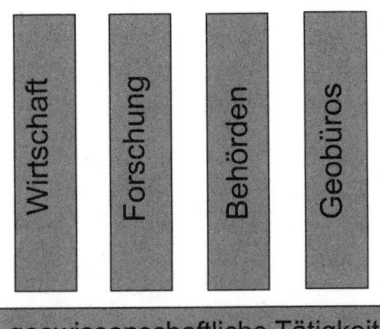

Abb. 19: Geowissenschaftliche Tätigkeit.

Hochschule

Für die Verfolgung einer Hochschulkarriere bietet das Studium die besten Voraussetzungen. Neben sehr guten Grundlagen in den naturwissenschaftlichen Nebenfächern ist vor allem ein fundiertes Wissen und eine Begeisterung für die gewählte Vertiefungsrichtung gefragt. Neben Bereitschaft zu akribischer Forschungsarbeit ist Geschick für das Einwerben von Drittmitteln zur Finanzierung erforderlich. Da Veröffentlichungen auch im Ausland und die Teilnahme an internationalen Tagungen für den Hochschulwissenschaftler unabdingbar sind, gehört neben dem geowissenschaftlichen Wissen die Beherrschung von Englisch in Wort und Schrift als Schlüsselqualifikation dazu. Je nach geographischem Arbeitsgebiet sind darüber hinaus weitere Sprachkenntnisse durchaus nützlich.

Für die Ausübung der Lehre sollte zudem ein Geschick, komplizierte Sachverhalte verständlich zu vermitteln und die Fähigkeit, für das Fach zu begeistern, vorhanden sein.

Im Bereich der sonstigen sozialen Kompetenzen sind besonders bei der Zusammenarbeit mit ausländischen Kollegen gute Umgangsformen und Anpassungsfähigkeit an andere Sitten und Gebräuche notwendig.

Ämter und Behörden

In diesem Bereich stehen sowohl Beschäftigungsfelder für Bachelor- als auch für Masterabsolventen zur Verfügung. Die Karrieremöglichkeiten und das Einkommen richten sich hier nach dem Abschluss und der damit verbundenen Einstufung in das jeweils geltende Tarifwerk (Der BSc-Abschluss ist laufbahnrechtlich dem FH-Abschluss gleichgesetzt.).

Spezielle fachliche Kompetenzen spielen in diesem Berufsfeld meist weniger eine Rolle als die Aneignung rechtlicher Kenntnisse: Bodenschutzrecht, Umweltrecht, Wasserrecht etc. Wichtig sind eine fundierte Ausbildung in den naturwissenschaftlichen Grundlagenfächern und breit gefächerte geowissenschaftliche Kenntnisse.

Geobüros und Freiberufler

Dieses Betätigungsfeld setzt eine Vertiefung in den Fachbereichen der angewandten Geowissenschaften voraus. Berufseinstiegsmöglichkeiten bieten sich hier sowohl für Bachelor als auch für Master.

Als Grundvoraussetzung sollte der Geowissenschaftler hier über gute Kenntnisse in Ingenieur- und Hydrogeologie sowie Geophysik verfügen.

Die Tätigkeit für Bachelorabsolventen umfasst im Wesentlichen praktische Tätigkeiten wie Betreuung und Durchführung von Feldarbeiten, Bauleitung und Datenaufbereitung. Hierzu ist technisches Wissen über die bei klassischen Feldarbeiten wie Rammsondierungen, Kleinrammbohrungen und Bohren von Grundwassermessstellen eingesetzten Geräte erforderlich. Des Weiteren werden Kenntnisse im Bereich der Anwendung von Datenverarbeitungsprogrammen wie Tabellenkalkulation, CAD, GIS vorausgesetzt. Zur Betreuung von Feldarbeiten sind Zusatzqualifikationen in Arbeitssicherheit notwendig.

Für Masterabsolventen besteht das Tätigkeitsfeld im Ingenieurbüro aus der Planung von Untersuchungen und Baumaßnahmen, der Auswertung von Gelände- und Analysendaten und dem Erstellen von Gutachten und Planungen. Darüber hinaus sind Kenntnisse in der Akquisition, der Präsentation und auch betriebswirtschaftliches Grundwissen nützlich. Bei einer internationalen Ausrichtung des Büros sind verhandlungssichere Kenntnisse der englischen Sprache in Wort und Schrift, z.B. zum Erstellen von Gutachten, erforderlich.

Industrie und Wirtschaft

Auch in diesem Arbeitsgebiet stehen Arbeitsstellen sowohl für Bachelor- als auch Masterabsolventen zur Verfügung, obwohl die Industrie Masterabsolventen bevorzugt. Allen gemeinsam ist die Beschäftigung im Studium mit den angewandten Geowissenschaften.

Wie bei den Geobüros ist das Tätigkeitsfeld der Bachelorabsolventen die Geländearbeit. Die Aufstiegschancen sind eher begrenzt. Besonders in den internationalen Explorationsfirmen wird sehr viel Wert auf gute Kenntnisse in der geologischen Kartierung gelegt. Kreativität bei der Lösung technischer Probleme ist eine Voraussetzung dieses Berufsfeldes ebenso wie Grundlagen der Arbeitssicherheit.

Für Masterabsolventen sind die Aufstiegschancen deutlich besser. Das Arbeitsgebiet liegt hier im Bereich der Planung des Managements und der Koordination von Aufgaben.

Ohne fundierte Englischkenntnisse hat kein Absolvent eine Chance in der Industrie und Wirtschaft, arbeiten doch nahezu alle Wirtschaftsunternehmen international. Zudem sind derzeit im englischsprachigen Ausland viele Geowissenschaftler in der Exploration gesucht.

Neben fundierten allgemeinen geowissenschaftlichen Kenntnissen benötigt der Geowissenschaftler in Industrie und Wirtschaft branchenspezifisches Fachwissen.

Darüber hinaus benötigt er im Lauf seines Berufslebens Kenntnisse in Öffentlichkeitsarbeit, Finanzmanagement, Controlling, Qualitätsmanagement und rechtliche Aspekten. Je höher das angestrebte Karriereziel ist, desto wichtiger werden die fachfremden Fähigkeiten.

Viele der hier genannten Zusatzqualifikationen lassen sich durch geschickte Wahl der studienbegleitenden Optionalbereiche und in der Anfangszeit durch berufsvorbereitende und -begleitende Fortbildungen erwerben. Jede der genannten Berufsgruppen stellt an den Arbeitnehmer eigene Anforderungen an Flexibilität und Belastbarkeit. Gerade vor dem Hintergrund unsicherer Renten und langer Berufstätigkeit ist es wichtig, eine Tätigkeit zu finden, die den eigenen Fähigkeiten und Persönlichkeit entspricht und für viele Jahre Freude bereitet.

Der beste Weg, neben fachlichen Interessen im Studium das geeignete Berufsfeld zu finden, sind Betriebspraktika. Ein Praktikum erweitert sowohl den fachlichen als auch den persönlichen Horizont und gibt verlässlich Einblick in das Berufsfeld. In dessen Rahmen gibt es nicht nur Gelegenheit zu testen, ob das ausgesuchte Berufsfeld den eigenen Erwartungen entspricht. Es verschafft bei einer Bewerbung Vorteile, wenn der Bewerber Strukturen und Abläufe in einem vergleichbaren Umfeld schon kennt. Nicht zuletzt dienen Berufspraktika dem Aufbau eines persönlichen Netzwerkes, getreu dem Motto „Beziehungen schaden nur dem, der keine hat".

Sowohl die Hochschulen als auch der BDG stehen bei der Suche nach einem Praktikumplatz zur Verfügung. Andere notwendige Qualifikationen und Softskills sind in der eigenen Persönlichkeit verankert. Dieses für sich selber klar herauszuarbeiten und die Karrierestrategie festzulegen, ist ein wesentliches Merkmal des Mentoring.

Viele der von Arbeitgebern gewünschten Kompetenzen lassen sich bei sportlicher Betätigung, sozialem Engagement und der Ausübung von studienfernen Hobbies erlernen. Nicht von ungefähr fragen Arbeitgeber im Bewerbungsgespräch nach sonstigen Interessen.

2.3.2 Netzwerke

(Tamara Fahry-Seelig, Berlin)

Die Geowissenschaften machen mit knapp 20 000 berufstätigen Geologen, Geophysikern und Mineralogen einen relativ geringen Teil des Arbeitsmarktes aus. Wenn man noch die Unterteilung in etliche Berufsfelder wie z.B. Umweltschutz oder Wasserversorgung betrachtet, wird schnell klar, wie übersichtlich diese Teilbereiche sind. Gerade hier verlassen sich viele Arbeitgeber, besonders aus dem kleinen und mittelständischen Bereich darauf, dass „sich schon jemand findet". Etliche Stellenangebote finden erst nach einem erfolglosen Umhören im eigenen Umfeld ihren Weg in Jobbörsen oder Zeitungsanzeigen. Umso wichtiger sind gute Kontakte und Netzwerke, die es einem erleichtern, an informelle Informationen über freie Stellen oder neue Forschungsprojekte zu kommen oder dafür zu sorgen, dass bei der Suche nach Arbeitnehmern der eigene Name ins Spiel kommt. So kann ein tragfähiges Netzwerk eine wichtige Einstiegshilfe in den Beruf sein.

Ohne es zu realisieren, ist man oft schon in vielerlei Hinsicht vernetzt: der Kontakt zu ehemaligen Kommilitonen, die Mitgliedschaft in einem Sportverein oder der Bekanntenkreis der Eltern. Um das schon bestehende Netzwerk für den Berufseinstieg oder die Weiterentwicklung im Beruf zu nutzen, sollte es kontinuierlich ausgebaut werden: z.B. durch den Eintritt in einen geowissenschaftlich orientierten Verband, durch Kontaktpflege zur letzten Praktikumsstelle oder den Eintritt in eines der sozialen Netzwerke, die eher beruflich orientiert sind wie z.B. Xing.

Wichtig ist: ein Netzwerk funktioniert mittel- bis langfristig nur, wenn man nicht nur nimmt, sondern auch gibt. Das kann durch Weitergabe von Informationen, dem Vermitteln von Kontakten oder die Übernahme einer aktiven Rolle geschehen. In einem Verein oder Verband bietet sich dafür eine ehrenamtliche Aufgabe an, im Kreis der Kommilitonen das Organisieren regelmäßiger Stammtische, in sozialen Netzwerken die aktive Beteiligung an Diskussionen.

2.3.3 Absolventenförderung: das Mentoring Programm

(Tamara Fahry-Seelig, Berlin)

Die Ursprünge des Begriffes „Mentoring" liegen in der griechischen Mythologie. Der Name „Mentor" steht seitdem synonym für einen väterlichen Freund und Berater und dokumentiert, dass es sich um eine sehr persönliche Beziehung zwischen zwei Menschen handelt. Die Idee des Mentoring als informelles Netzwerk stammt aus den USA, wo es seit den 1970er Jahren praktiziert wird. Mittlerweile bieten auch Universitäten, Unternehmen und auch politische Parteien in Deutschland Mentoring-Programme an. *(Was ist Mentoring?)*

Konkret bedeutet Mentoring, dass Mentees durch einen Mentor für einen vorher festgelegten Zeitraum eine Unterstützung erhalten, die sich nach der individuellen Situation des Mentees richtet. Eine solche Unterstützung kann z.B. sein:
- Beratung in konkreten Situationen, bei aktuellen Fragen und Problemen
- Karriereplanung und Besprechung möglicher Hindernisse
- Öffnen von sonst verschlossenen Türen, die es der Mentee ermöglichen, Ziele zu verfolgen
- Gemeinsame Erarbeitung von beruflichen Strategien
- Einführung in Netzwerke und Vermitteln von Kontakten
- Einführung in informelles Wissen über eine Organisation oder Abläufe im Berufsleben, die nicht in Lehrbüchern nachzulesen sind
- Teilnahme am beruflichen Alltag des Mentors (z.B. durch Begleiten bei Terminen).

Das beinhaltet oft auch die Wiedergabe der eigenen Erfahrungen des Mentors.

Die Umsetzung erfolgt durch die zielgerichtete Kooperation von Mentor und Mentee, bei der über einen längeren, begrenzten Zeitraum hinweg, in vielen Programmen 12 Monate, regelmäßige Gespräche in einer Atmosphäre des Vertrauens geführt werden.

Mentees können Studenten oder Berufseinsteiger, in manchen Fällen auch bereits Berufstätige sein, die sich neu oder erstmals orientieren wollen und z.B. den Wiedereinstieg nach einer Familienpause suchen. *(Mentee)*

Das Mentee übernimmt in dieser Kooperation die aktive Rolle – es bestimmt, in welche Richtung die Unterstützung geht, wie intensiv die Beziehung ist und wie viele Vorteile sie aus der Kooperation ziehen. Das können z.B. sein:
- Erkennen und Weiterentwickeln eigener Kompetenzen
- Anregungen zur inhaltlichen Gestaltung des Studiums
- Orientierung zu beruflichen Entwicklungsmöglichkeiten und praxisnahe Vorbereitung auf berufliche Anforderungen
- Entwickeln von Strategien für den Berufseinstieg und die Karriereplanung
- Knüpfen von Kontakten und Einstieg in Netzwerke.

Die aktive Rolle zu übernehmen bedeutet für die Mentees, klare Ziele für die Kooperation zu formulieren und Perspektiven zu erarbeiten. Aber auch ganz profan Treffen zu organisieren und vor- und nachzubereiten.

Mentoren sind in der Regel berufserfahrene Experten, oft mit Personalverantwortung, die Freude daran haben, junge Menschen zu unterstützen. Auch sie ziehen Vorteile aus der Teilnahme an einem Mentoring Programm. Sie erhalten z.B. Impulse für die eigene Arbeit, knüpfen neue Kontakte oder können auf diese Weise potenzielle Nachwuchskräfte gewinnen.

Mentoring für GeowissenschaftlerInnen

Die in Deutschland angebotenen Mentoring-Programme können allerdings nur in seltenen Fällen auch Geowissenschaftler bedienen und ihnen fachlich passende Mentoren präsentieren. Der Berufsverband Deutscher Geowissenschaftler e.V. bietet daher seit 2003 ein Mentoring-Programm für seine Mitglieder mit geowissenschaftlichem Schwerpunkt an. Über Kooperationsverträge können auch Mitglieder anderer Verbände aus verwandten Disziplinen an dem Programm teilnehmen.

Mentoring-Programm des BDG

Mittlerweile ist das Mentoring-Programm des BDG in den Köpfen vieler junger Geowissenschaftler als ein probates Mittel zur Unterstützung des Berufseintritts und Entwicklung einer Karrierestrategie verankert, so dass die zwei Staffeln pro Jahr immer „ausgebucht" sind: in bisher 15 Staffeln hat die Projektlenkungsgruppe des BDG Anfang 2012 über 250 Mentees mit einem Mentor oder einer Mentorin zusammengespannt.

Die handverlesene Akquise der Mentoren ist eine sehr wichtige Voraussetzung für erfolgreich laufende Kooperationen. Hier hat sich gezeigt, dass gerade Verbandsmitglieder gerne bereit sind, als Mentoren zu fungieren, da sie selber oftmals während ihrer Ausbildung und dem Berufseintritt Unterstützung erfahren durften. Durch die Vielfalt der im BDG vertretenen Berufsgruppen und fachlichen Richtungen bieten sie die Möglichkeit, auf die unterschiedlichsten Wünsche der Mentees einzugehen.

Ziele und Erfolge der Mentoring Kooperationen

Durch regelmäßige Befragungen konnten genaue Angaben über die Arbeit und Erfolge in den Kooperationen gesammelt werden.

Ein Großteil der Mentees gaben z.B. als Hauptziel der Mentoring-Kooperation an, eine Karrierestrategie gemeinsam mit dem Mentor zu erarbeiten, je nach Arbeitsmarktlage verändert sich die Bedeutung des Ziels „Einstieg in den Beruf" während der „Aufbau eines tragfähigen Netzwerks" als Ziel seit 2003 ständig zunimmt.

78 % der Mentees waren zufrieden bis sehr zufrieden mit der Kooperation und 83 % gaben an, ihr oberstes Ziel erreicht zu haben.

> **Erfahrungsbericht eines Mentee**
>
> Silke Bicker ist Inhaberin des Büros für „natürliche" Öffentlichkeitsarbeit in Osnabrück und Dipl.-Ing. (FH) Landschaftsentwicklung. In diesem Berufsfeld arbeitet sie bundesweit als Erwachsenenbildnerin und Fachjournalistin. Seit 2008 arbeitet sie in der Fachgruppe „Boden in Schule und

Zusatzqualifikationen, Netzwerke und Mentoring

Ziele der Mentees

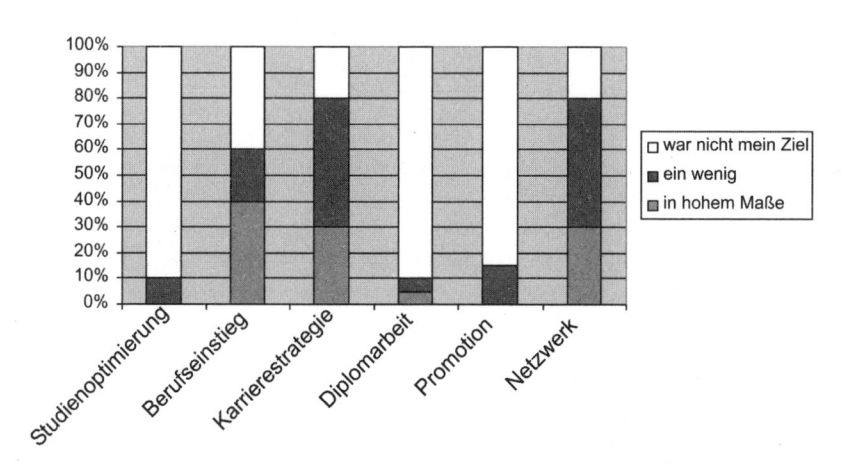

(Balkendiagramm mit Kategorien: Studienoptimierung, Berufseinstieg, Karrierestrategie, Diplomarbeit, Promotion, Netzwerk; Legende: war nicht mein Ziel, ein wenig, in hohem Maße)

Abb. 20: Ziele der Mentees.

Bildung" des Bundesverbands Boden e.V. mit und nimmt seit Herbst 2009 am Mentoringprojekt teil um neue Impulse zur Spezialisierung der Selbständigkeit zu bekommen.

Das Mentoring ist ihrem Erachten nach eine sehr gute Möglichkeit, zusammen mit einem erfahrenen Mentor eigene berufliche Ziele und Wege zu erarbeiten oder sich derer bewusst zu werden sowie wie sie real erreicht werden können. Dazu sagt sie: „Das Studium lieferte einen guten Instrumentenbaukasten, Wissen zum Fachgebiet und wissenschaftliche Methodik, jedoch das berufliche Alleinstellungsmerkmal muss ein jeder selbst finden. Mit einem erfahrenen, uneigennützigen Berater an der Seite wurde es für mich übersichtlicher."

Silke Bicker, Osnabrück

Immer wenn eine Mentoring-Kooperation besonders positiv beschrieben wurde, tauchten die Begriffe „hohes Engagement des Gegenübers (Mentee oder Mentor)" und „vertrauensvoller Umgang" auf. Umgekehrt wurden in schlechter laufenden Beziehungen neben Zeitmangel auch der Mangel an Engagement und nicht passende Chemie genannt, um die Beziehung zu charakterisieren. Auch die Verlässlichkeit und Verbindlichkeit bei Terminabsprachen und Vereinbarungen wirken sich stark auf die Qualität der Mentoring-Kooperation aus.

Aktuelle Informationen zu dem Mentoring Programm des BDG finden Sie auf dessen Homepage unter www.geoberuf.de.

Erfolgsfaktoren

3 Aktuelle Probleme – Herausforderungen und Chancen

(Hans-Jürgen Weyer, Bonn)

Innerhalb Deutschlands besteht ein aktuelles Problem und damit eine zu lösende Herausforderung darin, die bestehenden neuen Studiengänge im BSc- und MSc-System besser studierbar zu machen. Sie so zu benennen, dass sich Studierende und Absolventen alle gemeinsam als Geowissenschaftler fühlen und so auftreten. Damit wäre eine neue Identifikation erreicht, die früher unter „Geologen" genauso üblich war wie unter Ingenieuren oder Juristen. Erste gute Ansätze hierzu lieferten die Beschlüsse der Hochschulrektorenkonferenz aus Dezember 2009, wo beispielsweise die Möglichkeit zur Reduzierung der Prüfungsbelastung in den BSc-Studiengängen geschaffen worden ist. Darüber hinaus sind die BSc-Studiengänge sehr dicht und lassen (zu) wenig persönliche Freiheit. Dies war ursprünglich durchaus gewollt, um Langzeitstudien auszuschließen, aber etwas mehr Möglichkeiten zur persönlichen Entfaltung sollte sich den jungen Menschen schon bieten.

Eine permanente Aufgabe der Hochschulen und der Verbände ist die Notwendigkeit, die Lücke zwischen dem Studium einer wissenschaftlichen Disziplin, z.B. Geologie, auf der einen und den Ansprüchen der beruflichen Praxis auf der anderen Seite möglichst klein zu halten. Dies schließt die Tatsache mit ein, dass sich viele der geowissenschaftlichen Berufsfelder immer stärker international ausrichten. Selbst die Ingenieur- und Geobüros, früher nahezu ausschließlich national ausgerichtet, suchen immer mehr nach Tätigkeiten im europäischen Ausland. Dies erfordert die Stärkung der Sprachkompetenz und die stärkere Berücksichtigung der sozialen Kompetenzen der Absolventen. Die Studienreform bietet darüber hinaus die Möglichkeit, Zusatzqualifikationen leichter in das Studium einzubauen. So brauchen beispielsweise Ingenieurbüros Absolventen mit Kenntnissen in Betriebswirtschaft oder im Verfassen von Gutachten, während Umweltämter oder Wasserwirtschaftsämter bei Bewerbern gerne Kenntnisse im Umwelt- oder Wasserrecht sehen.

moderne Naturwissenschaft

Die Geowissenschaften sind eine moderne Naturwissenschaft mit hohen Ansprüchen an mathematischen, physikalischen und chemischen Kenntnisse. Dieser Zusammenhang wird von vielen Abiturienten unterschätzt, so dass hierin der Hauptgrund für die hohen Abbrecherquoten im ersten Studienjahr zu suchen ist. Aufgabe der Verbände und Hochschulen ist es, diese Tatsache besser bekannt zu machen und die Tätigkeit von Geowissenschaftler viel stärker in das Bewusstsein der Bevölkerung zu rücken. Dies schließt die Aufnahme von geowissenschaftlichen Grundlagen und eine Stärkung der physischen Geographie im Schulunterricht ein.

Diese nationalen Aufgaben treten angesichts der globalen Herausforderungen jedoch stark in den Hintergrund. Weltweit kommt den Geowissenschaften eine stark steigende Bedeutung zu. Alle großen Probleme der Menschheit, ausgenommen vielleicht die Zunahme der Weltbevölkerung,

bedürfen zu ihrer Lösung eines erheblichen Beitrags der Geowissenschaften.
Exemplarisch genannt seien:
- Energieversorgung
- Rohstoffversorgung
- Wasserversorgung, Grundwasserschutz
- Bodenschutz, Flächenverbrauch, Schutz landwirtschaftlicher Flächen, Schutz vor Ausweitung der Wüsten
- Klimawandel
- Georisiken
- Altlastensanierung

Die Auflistung ist bei Weitem nicht vollständig. Doch es wird deutlich, wie stark die Lösung der drängenden Probleme der Menschheit von der Zuarbeit der Geowissenschaften abhängt. Dabei muss verstärkt sowohl in die Forschung als auch in die Praxis investiert werden. Die Gefährdung durch die oben genannten Faktoren ist regional unterschiedlich. Daher müssen auch unterschiedliche Schwerpunkte gesetzt werden.

Bei der Bewältigung dieser Aufgaben dürfen die aktuellen nationalen Probleme nicht die Sicht verstellen. Die oben aufgeführten Herausforderungen in Deutschland stellen im Vergleich zu den global drängenden Problemen eine Marginalie dar. Sollte sich eine der oben genannten Risikofaktoren nicht lösen oder nicht auf ein erträgliches Maß reduzieren lassen, so treten alle anderen Probleme in den Hintergrund – einschließlich der aktuell so drängenden Finanzsorgen.

Die großen globalen Herausforderungen der Menschheit und insbesondere der Industrieländer machen die Geowissenschaften zu der wichtigsten Wissenschaft der kommenden Jahrzehnte. Das betrifft auch die berufliche Praxis.

4 Information zum BDG und wichtige Adressen, Links

(Tamara Fahry-Seelig, Berlin)

Information zum BDG

Der BDG Berufsverband Deutscher Geowissenschaftler e.V. ist seit 1984 die berufsständische Vertretung der deutschen Geologen, Geophysiker, Mineralogen und weiterer Geowissenschaftler. Er wird durch ehrenamtliches Engagement getragen und verfügt über eine hauptamtlich besetzte Geschäftsstelle in Bonn sowie eine Berliner Niederlassung.

Die Hauptaufgaben des BDG liegen in der Sicherung und Ausweitung der beruflichen Tätigkeit und der Verbesserung der beruflichen Situation von Geowissenschaftlern.

Dazu gehören die Vertretung vor der Öffentlichkeit und dem Gesetzgeber sowie die Anpassung der universitären Ausbildung an die beruflichen Anforderungen.

Darüber hinaus bietet der BDG seinen Mitgliedern umfassende Serviceleistungen an wie Beratung, Information über die BDG-Mitteilungen und den Geowissenschaftlichen Mitteilungen GMIT, bis hin zu einem Mentoring Programm für Absolventen und Berufseinsteiger nebst Jobticker. Über eine eigene Bildungsakademie werden fachliche Fortbildungsveranstaltungen angeboten.

In Arbeitskreisen und Ausschüssen werden berufsständische Themen der einzelnen Berufsgruppen und fachliche Fragestellungen behandelt.

Um die Qualität der angebotenen geowissenschaftlichen Leistungen zu sichern, können berufserfahrene Praktiker nach festgelegten Kriterien beim BDG den Titel des „Beratenden Geowissenschaftlers BDG" oder des „European Geologist" beantragen; Geophysik-Firmen können sich einer Prüfung unterziehen, um den Titel der „Qualitätsgeprüften Firma im BDG" zu erlangen.

Abb. 21: Logo des BDG e.V.

Adressen und Links

Wichtige Adressen

Berufsverband Deutscher Geowissenschaftler (BDG) e.V.
Lessenicher Str. 1
53115 Bonn
Tel: 0228 69 66 01
www.geoberuf.de
bdg@geoberuf.de

European Federation of Geologists (EFG)
c/o Service Geologique de Belgique
13, Rue Jenner
1000 Brussels, Belgium
Tel: +32 2 788 76 36
www.eurogeologists.de

Links

Institutionen

Staatliche Geologische Dienste Deutschlands
www.infogeo.de

Geowissenschaftliche Studiengänge

www.geoberuf.de

Wissen

Virtuelle Fachbibliothek zum System Erde und dem Weltall
ww.geo-leo.de

Netzwerk Geowissenschaftliche Öffentlichkeitsarbeit
www.geonetzwerk.org

Wissensmagazin mit Science News aus Wissenschaft und Forschung
www.scinexx.de

Welt der Geowissenschaften
www.planet-erde.de

wissenschaftliches Videoportal der Deutschen Forschungsgemeinschaft DFG
dfg-science-tv.de

Adressen und Links

Karriere

Institut für Arbeitsmarkt- und Berufsforschung
infosys.iab.de

Jobbörse des BDG
www.geoberuf.de

Internationale Jobangebote
www.earthworks-jobs.com

Jobs in den USA
www.higheredjobs.com